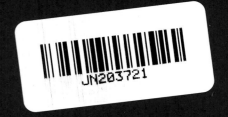

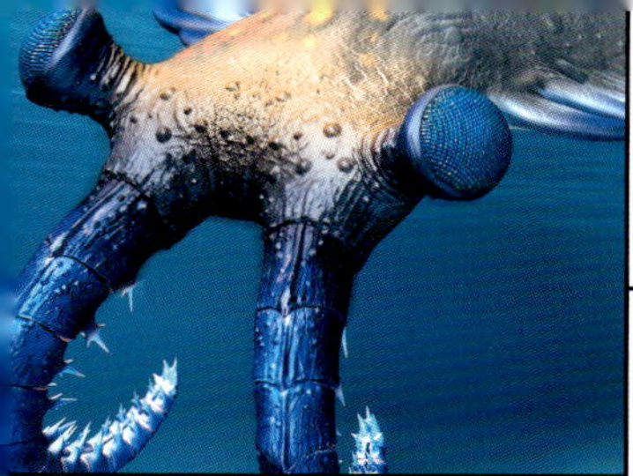

REAL SIZE

古生物のサイズが実感できる！

リアルサイズ古生物図鑑 古生代編

土屋 健 著

群馬県立自然史博物館 監修

技術評論社

はじめに。そして、この本の楽しみ方

地球史最初期の生命は、顕微鏡を使わなければ見えないような小さなサイズでした。それから数十億年の歳月を経て、ヒトの肉眼で確認できるようなサイズの生命が生まれるようになったのは、今から約６億年前のこと。その後、少しずつ、生命の中には大きなサイズのものが現れるようになります。

さまざまなサイズをとるようになった生命は、その姿をみるだけでもワクワク、ドキドキするものです。とくに現生種のいない古生物には、なんとも言えないロマンがあるもの。図鑑を開けば、多種多様な姿があなたの知的好奇心を刺激することでしょう。

こうした図鑑で、ともすれば忘れてしまいそうなものが「スケール感」です。単体のイラストや、各時代のさまざまな場面を復元したイラストでは、はたしてその古生物がどのような大きさなのかがピンとこないことがあります。もちろん、図鑑等では「全長 1m」「頭胴長 3m」といったように、「数字」は記載されています。しかし、数字だけではチョット……。

そこで、この「リアルサイズ古生物図鑑シリーズ」です。さまざまな時代のさまざまな古生物を、現代の（身近な）風景に配置してみました。“一般的な図鑑”に登場するあの古生物が「実はこんなに大きかった！（小さかった！）」という「サイズ感」を直感的にみなさまにお伝えできればと思います。

シリーズ第１巻の「古生代編」は、実際には先カンブリア時代末の「エディアカラ紀」から始まって、古生代末のペルム紀までの古生物を現代景色に配置しています。史上最初の覇者であるアノマロカリス、古生代の“影の主役”である三葉虫類、最初期の陸上四足動物であるイクチオステガ、巨大トンボのメガネウラ、大きな帆をもつディメトロドンなど、一般的な図鑑に載っている“有名人”たちの、“本当の大きさ”を感じていただければと思います。

本シリーズは、筆者の“古生物の黒い本”シリーズでお世話になりました群馬県立自然史博物館のみなさまにご監修いただいております。ありがとうございます。核となるイラストは上村一樹さんが各生物を描き、服部雅人さんが現代シーンと融合させるという手法をとりました。デザインは、“古生物の黒い本”シリーズの WSB inc. 横山明彦氏、編集は技術評論社の大倉誠二氏です。

この本をお手にとられたみなさまは、何よりも現代の景色に紛れ込んだ古生物のサイズ感をお楽しみください。

最初にお断りをしておくと、古生物のサイズは化石とその分析によるもので、現実の話としては資料によって差があります。本書では、そうした資料の中で「代表的なサイズ」とみられるものを採用しました。もっとも生物ですので、そもそも「個体差」というものがありますから、厳密な意味での“サイズ資料”ではありません。あくまでもサイズ「感」をシンプルにお楽しみいただければと思います。いくつかの“現代イラスト”には、メインとなる古生物のほかに、他のページの古生物が「等縮尺で」紛れ込んでいます。どんな古生物がどこに紛れ込んだのか。ぜひ、前後のページと比較しながら、古生物間の比較もお楽しみください。

なお、現代の形式に紛れ込ませるにあたり、水棲・陸棲などのさまざまな制約を取り払っています。たとえば、実際には水棲の古生物でも、陸上の景色に居座っていますので、ご注意を。なお、正しい生態に関しては、「○○○紀の海」といった具合の（シンプルに）生態のわかるシーンイラストを用意しましたので、そちらを参考にしてください。

古生物のサイズ感を気軽に把握できるシリーズ。ゆるゆるとお楽しみください。

本書を手に取っていただいたあなたに大感謝。

2018 年６月

土屋 健

Contents

シルル紀　*Silurian period*
キシロコリス	Xylokorys chledophilia	92
アークティヌルス	Arctinurus boltoni	94
ミクソプテルス	Mixopterus kiaeri	96
ウミサソリ類	Eurypterid	98
主なウミサソリ類		100
ブロントスコルピオ	Brontoscorpio anglicus	102
オファコルス	Offacolus kingi	104
カリオクリニテス	Caryocrinites ornatus	106
クリマティウス	Climatius reticulatus	108
アンドレオレピス	Andreolepis hedei	110
クークソニア	Cooksonia pertoni	112

デボン紀　*Devonian period*
シンダーハンネス	Schinderhannes bartelsi	116
ミメタスター	Mimetaster hexagonalis	118
ヴァコニシア	Vachonisia rogeri	120
ワリセロプス	Walliserops trifurcatus	122
ディクラヌルス	Dicranurus monstrosus	124
テラタスピス	Terataspis grandis	126
ハリプテルス	Hallipterus excelsior	128
ウェインベルギナ	Weinbergina opitzi	130
ヘリアンサスター	Helianthaster rhenanus	132
ドレパナスピス	Drepanaspis gemuendenensis	134
ケファラスピス	Cephalaspis pagei	136
ボスリオレピス	Bothriolepis canadensis	138
ダンクレオステウス	Dunkleosteus terrelli	140
クラドセラケ	Cladoselache fyleri	142
ミグアシャイア	Miguashaia bureaui	144
ユーステノプテロン	Eusthenopteron foordi	146
ヒネリア	Hyneria lindae	148
パンデリクチス	Panderichthys rhombolepis	150
ティクターリク	Tiktaalik roseae	152
アカントステガ	Acanthostega gunnari	154
イクチオステガ	Ichthyostega stensioei	156
アルカエオプテリス	Archaeopteris obtusa	158

石炭紀 *Carboniferous period*

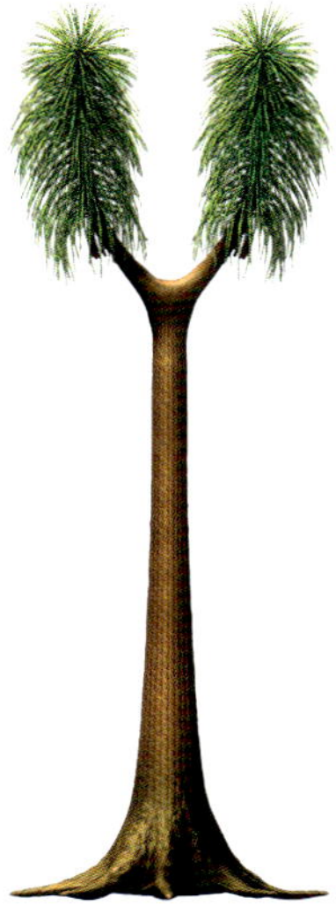

ペルム紀 *Permian period*

エディアカラ紀
カンブリア紀

Ediacaran period
Cambrian period

目で見えるサイズにまで生物が到達し、華々しい時代の幕開けです。誕生から数十億年にわたって顕微鏡サイズで“細々と”進化をしてきた生命。それが、先カンブリア時代末のエディアカラ紀（約6億3500万年前〜約5億4100万年前）になると突如として大型化します。この時代よりのちにつくられた地層からは、本格的に「肉眼で見えるサイズ」の化石が確認できるようになるのです。ただし、この時代の生命と、のちの時代の生命にどのような関係があるのかは、よくわかっていません。

約5億4100万年前以降になると、地層からみつかる化石は、現在の生物と何らかの関わりがあるものが多くなります。その最初の約2億8900万年間を古生代と呼び、古生代を六つにわけたうちの最も古い時代がカンブリア紀です。この時代の多くの生物は、ヒトの手のひらサイズでしたが、例外的な大型種も存在しました。

Kimberella quadrata

【キムベレラ】

エディアカラの海

分 類	軟体動物？
産出地	オーストラリア、ロシア、インド
全 長	15cm

エディアカラ紀　約6億3500万年前〜約5億4100万年前

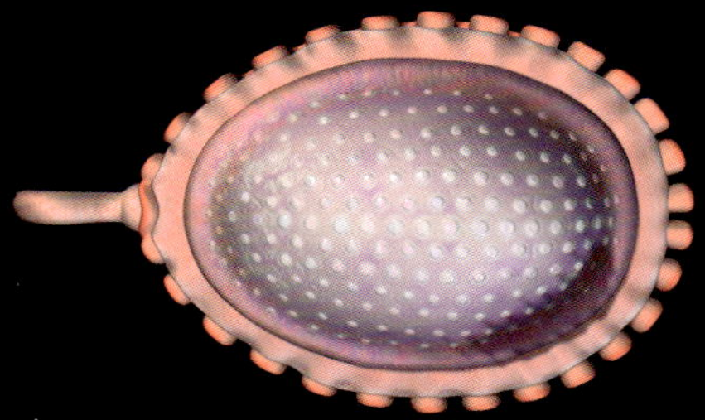

上面

側面

たくさんの友人たちが集まったときは、キムベレラを使ったパエリアはいかがだろうか？イカ、タコ、アサリなどの仲間と考えられているキムベレラは、他のシーフードやライスとも相性抜群。ぜひ、レモンをかけて、みんなで味わって頂きたい。

“史実”において、キムベレラ・クアドラタ（*Kimberella quadrata*）は、先カンブリア時代エディアカラ紀を代表する生物として知られている。この時代の生物は、現在の生物との系統関係がよくわかっていないものが多い。化石を見る限りでは、ほとんどの生物が硬組織をもっておらず、あしやひれをもたず、眼さえない。からだの前後関係さえわからない。

そのような時代の生物としては珍しく、キムベレラは“素性のわかる動物”である。左右対称のからだ、からだの周囲にあるひだひだ構造（外套膜）など、イカ、タコ、アサリなどの仲間である軟体動物としての特徴をもちあわせているのだ。からだの一端から“吻《ふん》”をのばし、自分の周囲の有機物をかき集めて、食べていたとみられている。この「えさをかき集めた痕跡」も化石としてみつかっている。

キムベレラは大きなものでは吻部をのぞく全長が15cmに達するものもあるが、小さなものでは全長数cmのものもある。なにしろ、ロシアだけでも800点以上の化石がみつかっているので、その大きさは多様だ。やわらかい殻をもち、その殻の痕跡が地層中に凹みとなって残されることが多い。

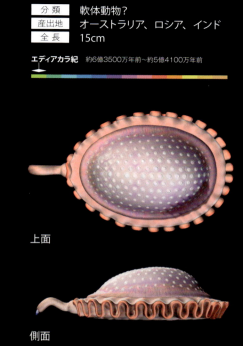

Dickinsonia rex

【ディッキンソニア】

分類	不明
産出地	オーストラリア、ロシア
全長	1m

エディアカラ紀　約6億3500万年前~約5億4100万年前

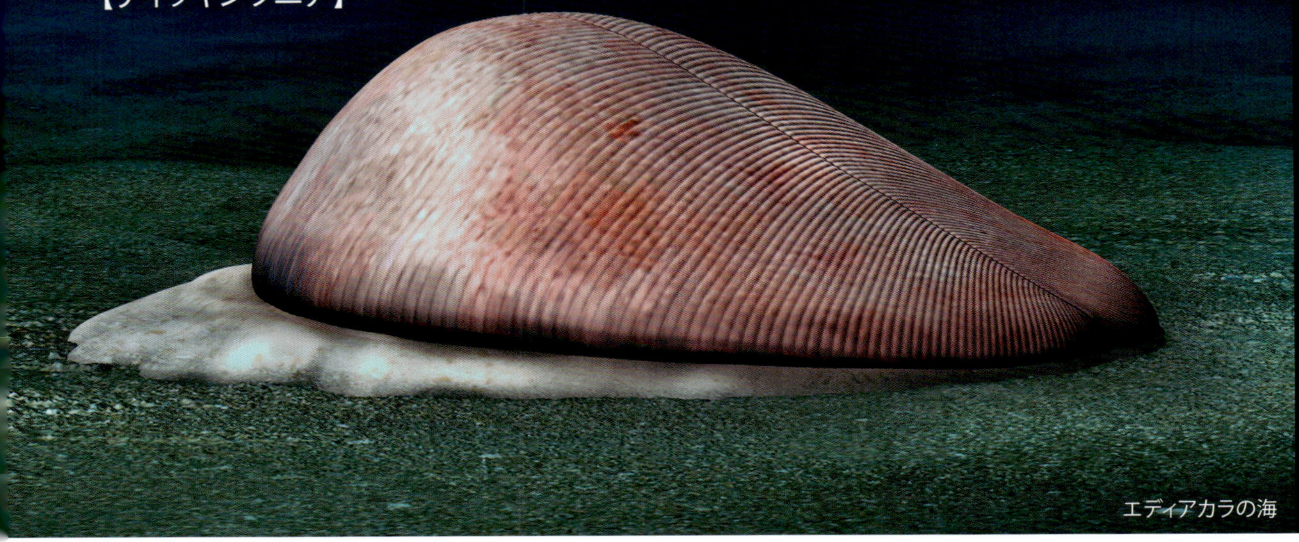

エディアカラの海

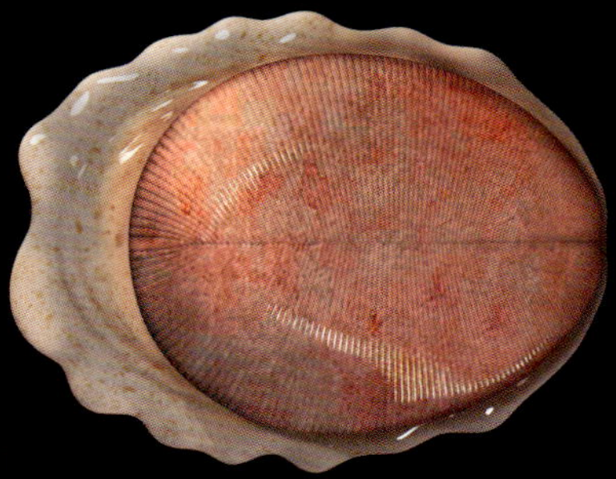

上面

側面

座布団の上で眠っていた犬がふと眼を覚ますと、そこには正体不明のぶよぶよの生物が…。

ちょっとしたホラーにもなりそうなこの生物の名前は、ディッキンソニアだ。8ページのキムベレラと同じく、先カンブリア時代エディアカラ紀を代表する生物である。

ディッキンソニア属にはたくさんの種が存在し、そして同種であってもサイズはさまざまである。右ページで畳の上にいるのは、全長1mほどのディッキンソニア・レックス（*Dickinsonia rex*）だ。

今から35億年以上前の地層から、“最古の生命の化石”がみつかっている。しかし、それはいわゆる「顕微鏡サイズ」の小さなものだった。その後、生命は微小なまま30億年近い歳月をかけてゆっくりと進化を重ねた。そして、エディアカラ紀の半ばをすぎた5億7500万年前ごろになって、突然大型化した。肉眼で確認できるサイズ、なかには数十cm以上のサイズも出現した。

ただし、ディッキンソニアをはじめとする多くのエディアカラ紀の生物は、その正体がよくわかっていない。ディッキンソニアの場合、からだの中心軸を境に、左右の節構造がわずかにずれているという特徴がある。こんな構造をもつ生物は、現生にいないのだ。しかも節自体はチューブ状のつくりになっていた。まったくの謎の生物である。

なお、復元の際に、一部を膨らませる場合と膨らませない場合がある。

Charniodiscus concentricus

【カルニオディスクス】

エディアカラ紀の海

分類	不明
産出地	イギリス
全長	40cm

エディアカラ紀　約6億3500万年前～約5億4100万年前

正面

イカとともに何やら海藻のようなものが干されている。イカと一緒に獲れたのだろうか。長い串を刺され、だらりと垂れ下がるその姿は……美味しそうに見える……かな？

垂れ下がっているソレは、海藻ではない。それどころか、動物なのか植物なのかさえわからない。「ランゲオモルフ」と呼ばれる謎の生物グループに分類される。今、イカとともに干されているのは、名前をカルニオディスクス・コンセントリクス（*Charniodiscus concentricus*）という。代表的なランゲオモルフだ。

“史実”においては、ランゲオモルフはエディアカラ紀だけで確認できる生物である。当時、世界中の深海で大繁栄していた。カルニオディスクス・コンセントリクスという種自体は、イギリスだけしか化石の報告はないが、同属別種の化石は世界中でみつかっている。

カルニオディスクスは、大きく二つのパーツで構成されている。一つは、植物の葉のような形をした部分。一つは、円盤状の部分である。おそらくこの円盤状部分で体を海底に固定して、葉のような部分を海にたなびかせながら生活していたとみられている。

カルニオディスクスの大きさは40cmほど。大きいものはこれを上回るかもしれない。ディッキンソニアと同じように当時としては大型の生物だった。

さて、謎の生物であるランゲオモルフ。もちろん、その味については想像もできない。

Tribrachidium heraldicum
【トリブラキディウム】

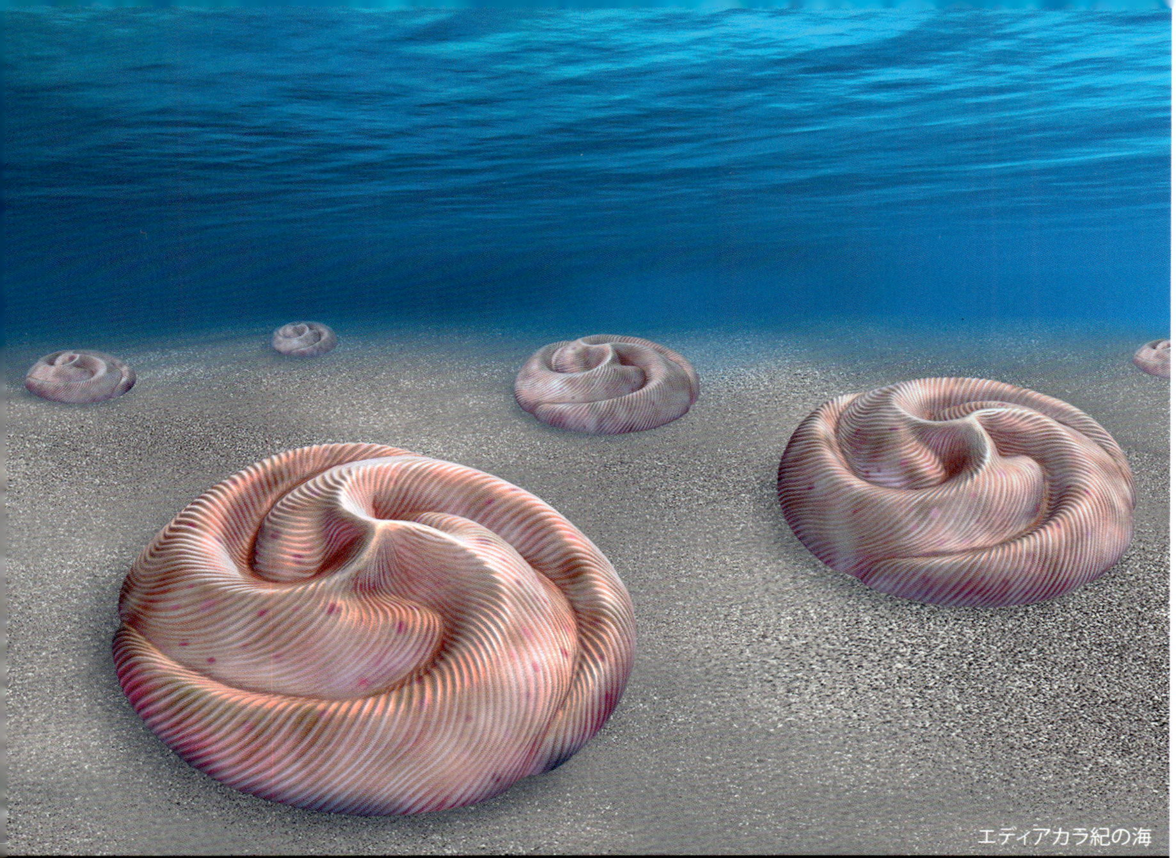

エディアカラ紀の海

分類	不明
産出地	オーストラリア、ロシア
全長	5cm

エディアカラ紀 約6億3500万年前~約5億4100万年前

上面

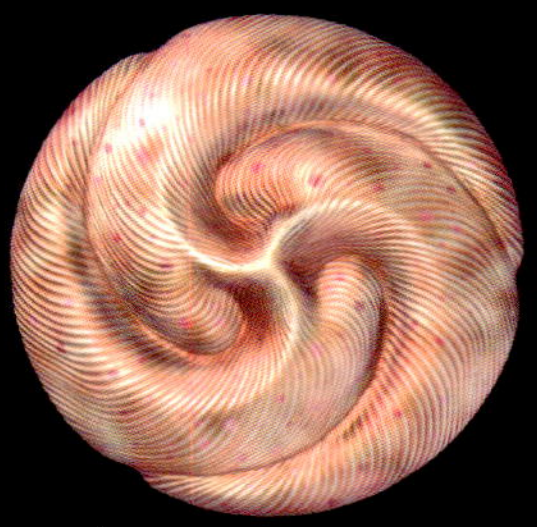

側面

「はい。どうぞ」

差し出された少女の手の上には、たくさんのマカロンと……何やら見慣れぬ物体が乗っている。マカロンよりもひと回り大きいその物体は、中心から外側に向かって凸構造が伸びている。

そんなの気にしない。とりあえず、食べてみよう。……というのは、もったいない。もうちょっと観察をつづけてみよう。中心から伸びる凸構造は、合計3本。まるで三つ巴の家紋のようなつくりだ。それがこの物体の表面をみごとに3等分している。物体そのものは、あまり硬そうには見えない。マカロンと同じ……いや、マカロンよりも柔らかいかもしれない。少なくとも、貝殻のような硬さはなさそうだ。

この不思議な物体の名前を、トリブラキディウム・ヘラルディクム（*Tribrachidium heraldicum*）という。分類不明の謎の生物である。動物か、それとも植物か、ということさえ、定かではない。“史実”においては、先カンブリア時代エディアカラ紀のみに確認される。

分類不明とされる理由の一つは、表面を3等分するそのつくりだ。現在の肉眼で確認できる大きさの動物たちに、この特徴をもつものはいない。脊椎動物をはじめとする多くの動物は左右対称（左右相称）だし、ヒトデなどの棘皮動物はからだを五等分している（五放射相称）。「3等分」というからだは、極めて特殊なのだ。

そうした特徴をぜひよーく観察して、食べるとしたら、味の保証はできないけれど、どうかその後にしてほしい。

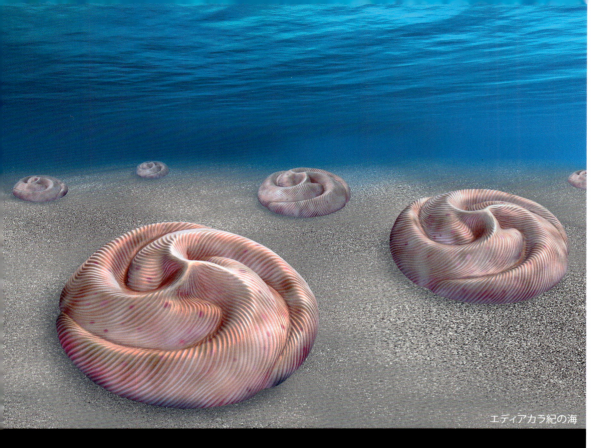

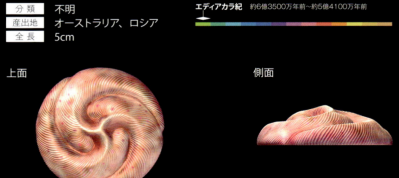

Ottoia prolifica
【オットイア】

カンブリア紀の海

分 類	鰓曳動物
産出地	カナダ
全 長	15cm

側面

正面

　珍味はお好きだろうか？　「ビールに合う」と供された皿には、美味しそうなソーセージが4本と、その上になんとも不思議な料理（？）が載っている。こんがりと焼けたその姿は、なるほど、ソーセージと相性が良さそうだ（？）。ビールにもあうかもしれない（？）。しかし、よく見ると吻部の近くには、小さなトゲがびっしりと並んでいる。さすがにこの部分は食べられないだろう。

　食べる勇気があるか否か。そんな選択肢をつきつけてくるこの料理……もとい動物は、オットイア・プロリフィカ（*Ottoia prolifica*）である。鰓曳動物という分類群に属する海棲動物で、正直、食べられるものなのかどうかは不明だし、こんがり焼いて、左ページのように原型をたもつことができるのかも謎と言える。まあ、いずれにしろ、トゲの並ぶ吻部を食べることはできないだろうけど。

　“史実”において、オットイアはカンブリア紀のカナダに生息していた。化石の産出状況を見ると、アルファベットの「U」のような姿勢をしているものが多く、海底にU字型の巣穴を掘って暮らしていたと復元されることが常である。海底に身を潜め、長い吻部を孔から出して、獲物を捕食していたようだ。

　なお、カナダのバージェス頁岩においては、オットイアの化石は、とくに多く見つかるものの一つである。その一方で、カナダ以外の地域では発見例はほとんどなく、アメリカからその報告がいくつかあるのみだ。

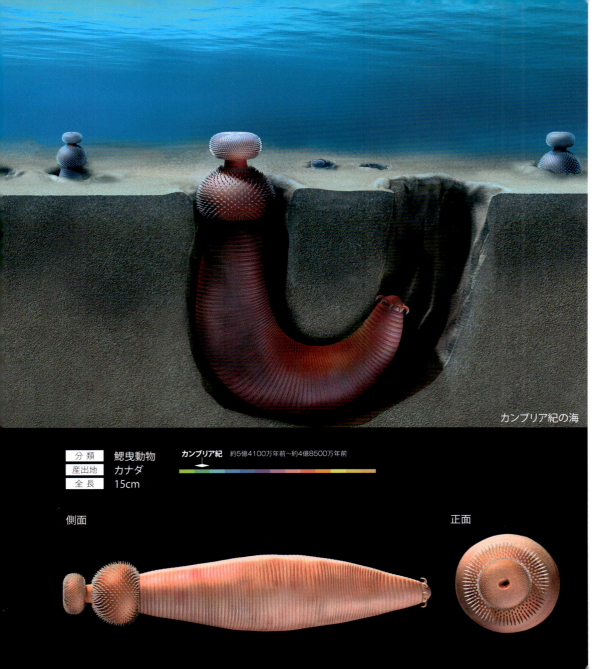

Aysheaia pedunculata

【アイシェアイア】

カンブリア紀の海

分類	有爪動物
産出地	カナダ、アメリカ、中国
全長	6cm

カンブリア紀　約5億4100万年前~約4億8500万年前

正面

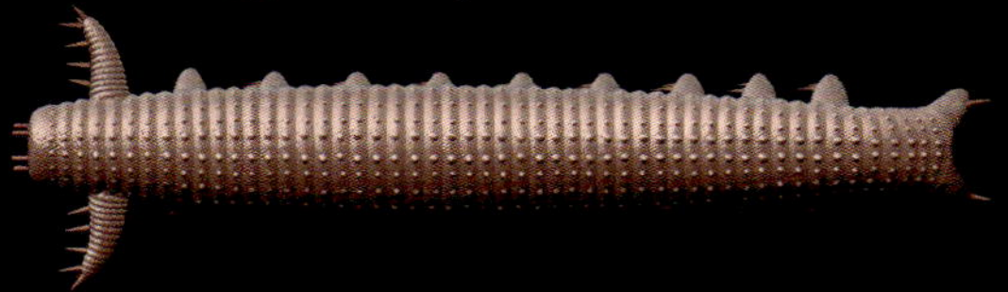

上面

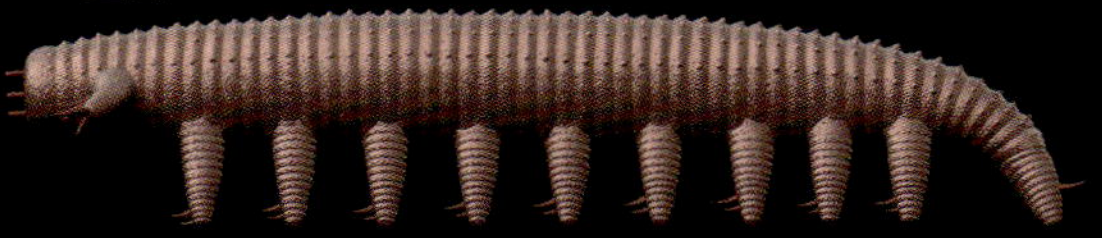

側面

今、歯磨き粉に興味をもっている動物がいる。少しずつじわじわと、青と白の歯磨き粉ににじりよっているその動物は、掃除機のホースのような形状のからだに、逆円錐のなんとも妙な形をした脚がいくつも並んでいる。どこが頭部とも見分けがつかないが、歯磨き粉に向かって進むその端には、ぽっかりと穴が開いている。この珍妙な動物の名前をアイシェアイア・ペドゥンキュラタ(*Aysheaia pedunculata*)という。

アイシェアイアは眼をもたないので、歯磨き粉のもつ何らかの“気配”を感じ、惹かれているのかもしれない。この個体、アイシェアイアにしてはそれなりの大型ではあるが……まさか、歯磨き粉を食べて大きくなった、というわけではないだろう(たぶん)。

アイシェアイアは「有爪動物」というグループに属している。このグループは、からだのつくりがシンプルで、それ故に「最も原始的な動物群」と言われる。眼だけではなく、長い触角などの感覚器官ももたない。逆円錐の脚(付属肢)はとてもすばやく動けるような形状ではない。からだの外皮もやわらかく、防御に秀でているというわけでもない。脚の先に小さな爪が確認されており、故に「有爪動物」と呼ばれる。現生のカギムシがこのグループに含まれる。

アイシェアイアの化石は、カイメンと一緒にみつかることが多い。そのため、カイメンが主食だったのではないか、という見方がある。

Hallucigenia sparsa

【ハルキゲニア】

カンブリア紀の海

分類	有爪動物
産出地	カナダ
全長	3cm

カンブリア紀 約5億4100万年前～約4億8500万年前

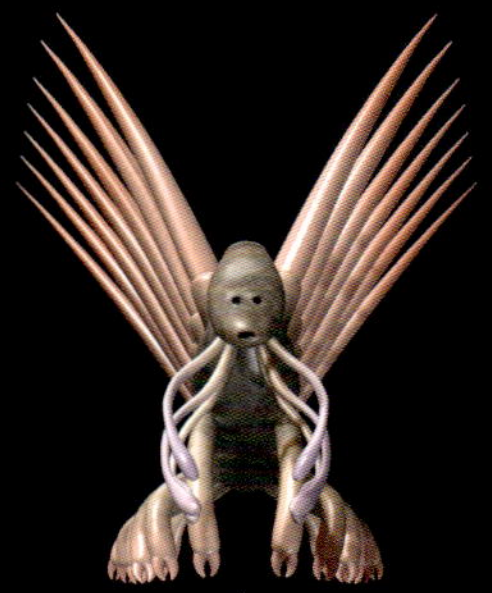

正面

側面

芽吹いてさほど日が経っていないアサガオの子葉の上に、1匹の動物がのっている。その名もハルキゲニア・スパルサ（*Hallucigenia sparsa*）。カンブリア紀の海洋動物の一つとして高い知名度をもつ種だが、その大きさは実は、最大でも3cmほどしかない。

カンブリア紀の海の動物は、アノマロカリスなど一部の例外をのぞけば、概ね全長10cm以下という大きさしかない。ハルキゲニアは、その中でも特に小さな動物で、本書で紹介する生物の中でも小さい方から数えた方が早い。

もっとも、ハルキゲニアが分類されるという有爪動物というグループは、さほど大きな種が確認されていない動物群でもある。現生種では大きなものでも15cm程度で、ハルキゲニアよりも小さな全長1cmというものもいる。

「*Hallucigenia*」とは「幻惑するもの」という意味だ。その名の通り、小さいながらも研究者を悩ませてきた。最初に報告されたときは上下が逆さまに発表され、摩訶不思議動物とされた。そののち、現在の姿勢に訂正されるものの、今ひとつ前後関係が不明だった。2015年になって眼と口が確認され、ようやく現在の復元に落ち着いたのである。

3cmクラスともなれば、うっかりすると見過ごしそうだ。見落としていて、気がついたら背中の棘で手を怪我していた。そんなことがないように心がけたいものである。近くにハルキゲニアがいそうな場合は、注意されたい。

Collinsium ciliosum

【コリンシウム】

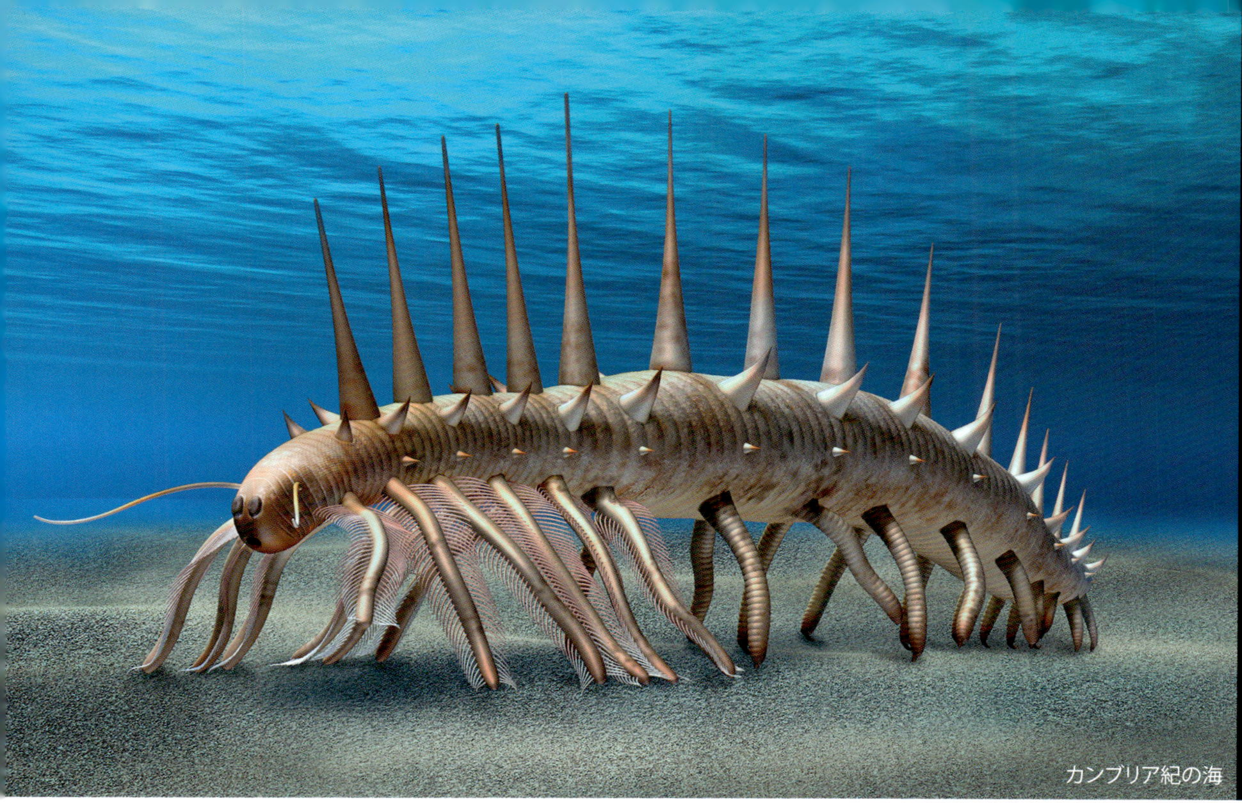

カンブリア紀の海

分類	有爪動物
産出地	中国
全長	15cm

カンブリア紀　約5億4100万年前〜約4億8500万年前

正面

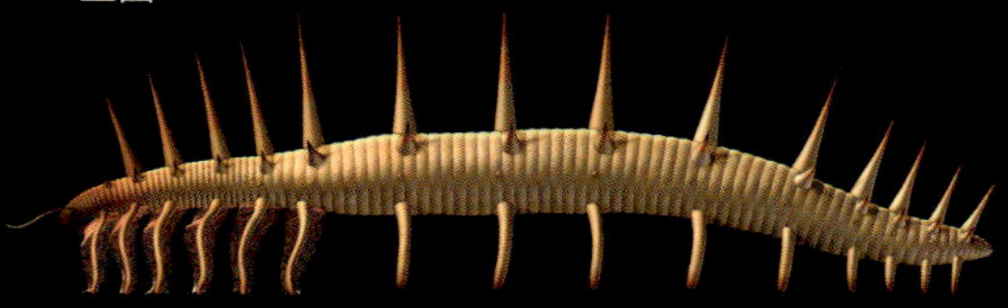

側面

　経費計算をしていたら……なんとも珍妙な動物がやってきた。細長い胴体に、太い棘が並ぶ背中。腹側には細い脚を多数持つ。一部の脚には、細かな毛がついている。そして、からだの一端には、眼のようなつくりも確認できる。

「なにこれ？　ちょっと気持ち悪い」

　……そう思われることなかれ（その気持ちはわかるけれども）。この動物は、20ページで紹介したハルキゲニアと同じ有爪動物に分類される存在だ。ハルキゲニアとは近縁ではあるものの、別の系統に属する。その名前をコリンシウム・キリオイズム（*Collinsium ciliosum*）という。「コリンシウム」は発見者であるデスモンド・コリンズに献じられたもので、「キリオイズム」には「毛深い」という意味がある。実にリズム感のある名前で、命名者のセンスが光る。もっとも、俗称として「コリンズ・モンスター」という呼び名も使われている。

　“史実”におけるコリンシウムは、カンブリア紀に生きていた有爪動物だ。毛の付いていない脚でからだをしっかりと固定して、細かな毛のついている脚を上手に使い、水中を漂う有機物を捕まえて、食していたとみられている。

　コリンシウムは、ハルキゲニアの3倍ほどの全長をもつ“大型種”である。カンブリア紀には、海にはさまざまな大きさや姿の有爪動物がいたとみられており、その繁栄のほどを伺うことができる。コリンシウムの毛深い脚は、生態においても有爪動物の多様性があったことを意味している。

Kerygmachela kierkegaardi

【ケリグマケラ】

カンブリア紀の海

分類	節足動物
産出地	グリーンランド
全長	8cm

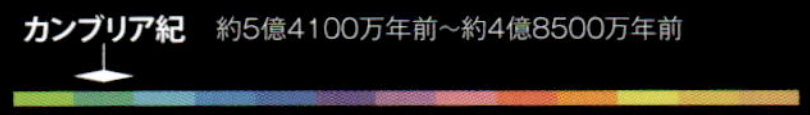

上面

正面

横面

さあ、部品を集めて、ペンチなどの道具を用意して。これから作業開始……ん？　何か妙な道具が置かれていることに気づかれただろうか。いや、どうやら「道具」ではない。たしかに、隣にあるペンチと姿が似ているとは言えなくもないけれど、これは生物だ。その名をケリグマケラ・キエルケガールディ（*Kerygmachela kierkegaardi*）という。

“史実”において、ケリグマケラはカンブリア紀の海にいた動物である。その化石は、グリーンランドからみつかっている。分類に関しては、今なお謎が多いものの、原始的な節足動物なのではないか、などの意見がある。

開いたペンチを彷彿とさせるように、頭部に1対の太い触手（付属肢）をもち、尾部には1対の長い“トゲ”があった。とくに1対の太い触手に関しては、アノマロカリス類（32ページ参照）のそれに似ていると言えるかもしれない。実際、アノマロカリス類誕生の系譜に連なるという指摘もある。ただし、アノマロカリス類の触手にははっきりとした節があることに対して、ケリグマケラの触手には節はなかったか、あるいはあったとしても、はっきりと確認できるほどのものではなかったようだ。からだのつくりそのものは、28ページで紹介予定のオパビニアとの関連も指摘されている。

いずれにしろ、ケリグマケラではペンチのかわりにはならないし、そもそも全身はおそらく柔らかい。すみやかに近くの水槽にでも返却するのが良いだろう。

Diania cactiformis

【ディアニア】

カンブリア紀の海

分類	有爪動物（or 葉足動物）
産出地	中国
全長	6cm

カンブリア紀　約5億4100万年前～約4億8500万年前

上面

側面

正面

早朝の市場を歩いていると、ゴツゴツしたドリアンの上に、これまたゴツゴツしたからだをもつ小さな動物がいた。顔を近づけてみると、「やあ！」とでも言うかのように、その動物は上体を持ち上げた。

ドリアンの上に乗っているのは、ディアニア・カクティフォルミス（*Diania cactiformis*）である。その名は「歩くサボテン」を意味する。蠕虫のような胴体から、合計10対の脚が伸びている。この脚が独特だ。いくつもの節があり、その節がまるっと細かなトゲで覆われている。そう、まるでドリアンの表皮のようなゴツゴツ・トゲトゲ感があるのだ。このトゲのある脚は、最初の4対はものをつかむことに使われ、5対目よりも後方はもっぱら歩行用だったとみられている。なんとも妙な姿の持ち主である。

ディアニアは、進化史上、重要な種としてみられている。独特のつくりのある脚は、節足動物のそれと同じと解釈されている。

一方で、胴体はとても節足動物のそれと同じようにはみえない。これらのことから、節足動物が誕生するその“一歩前の特徴”をもったものが、ディアニアではないかと考えられているのだ。

現在の地球上で繁栄する節足動物は、脚も胴体も硬質だ。ディアニアは、脚は硬質で、節はあるものの、胴体は硬くない。このことから、節足動物誕生に至る前に、「まず脚が硬くなる」という変化があったのではないか、とみられている。

Opabinia regalis
【オパビニア】

カンブリア紀の海

分類	節足動物
産出地	カナダ
全長	10cm

カンブリア紀　約5億4100万年前～約4億8500万年前

上面

側面

なすのヘタをつまもうと思ったら、となりに珍しい動物が並んでいた。その動物の名前は、オパビニア・レガリス（*Opabinia regalis*）。五つの眼をもつ原始的な節足動物である。その吻部はなすのヘタのように突出するものの、なすのヘタとちがって、簡単にとることはできない。むしろ、オパビニアの吻部は柔軟に曲がり、その先端には細かなトゲ状構造が並んでいるので注意が必要だろう。うかつに触ろうとすると、はさまれてしまう可能性がある。

オパビニアは長い吻部の他に、五つ眼をもつことも特徴とする。次ページで紹介するアノマロカリスと並んで、カンブリア紀のカナダを代表する動物だ。その一方でかなりの希少種でもあり、系統関係その他については謎も多い。

オパビニアは全長10cm前後の大きさで、なすよりも二周りくらい小さい。大人が握って、吻部の先端がちょっと拳の外に見えるかどうかというサイズである。カンブリア紀の動物としては、ほぼ標準的なサイズだ。強いて言えば、やや大きいとも言える。

“史実”においては、オパビニアは海を泳ぎ回るハンターだったとみられている。トゲのある吻部のつくりとあわせて、それなりに恐ろしい肉食性だったと考えられている。おそらくやわらかい獲物を捕まえて、食べていたことだろう。ちなみに、「吻部」とは呼んでいるものの、この先端にあるのは口ではない。口は、からだの底面にあったのである。

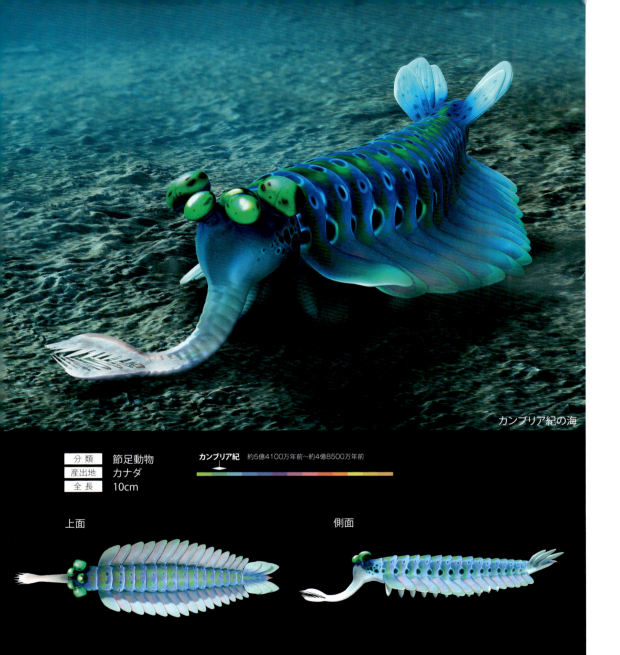

カンブリアの海

Anomalocaris canadensis

【アノマロカリス】

分類	節足動物 アノマロカリス類
産出地	カナダ
全長	1m

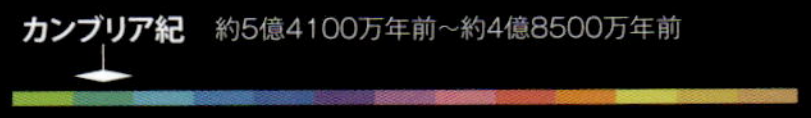

側面

底面

「さあさあ、見ていってよ。今日は、アノマロカリスが入ってるよ。ぷりっぷりの触手は焼いてオイシ、胴体は捌いて酢漬けにすればコリコリで、肝は酒の肴に最高さ。お値段、勉強するよ！　さあさあ」

そんな威勢の良い声が聞こえてきそうだ。カンブリア紀を代表する海洋動物の一つ、アノマロカリスにはいくつかの種がある。その中で最も知名度の高い種が、カナダのバージェス頁岩層から化石がみつかっているアノマロカリス・カナデンシス（*Anomalocaris canadensis*）だ。その大きさは、最大で1mほどとされている。多くはその最大サイズにはおよばないものの、それでも数十cmの全長をもつ。

数十cm、そして最大1mというサイズは、現代の海洋動物と比べると決して大きいとは言えない。それこそ、魚屋の店頭に並ぶサカナたちと大差ないと言える。

しかし、アノマロカリスが生きていたカンブリア紀の海では事情がちがっていた。カンブリア紀のほとんどの動物は10cm未満だった。つまり、アノマロカリスは、当時の生態系においてずばぬけて巨大だったのだ。

なぜ、アノマロカリスがずばぬけた巨体だったのか？　そこは謎に包まれている。しかし、この巨体を一つの根拠として、アノマロカリスを「カンブリア紀の覇者」とみることは多い。しかし、「強さ」という点では、硬組織を噛み砕くことができなかったなどの指摘もあり、研究者の間でも意見が統一されていない。

天然真タイ
3.000円
活スズキ
1100
サービス
大さば
500エン
活スズキ
600
サバ
1本
400エン
売約済み
アノマロカリス
時価

Anomalocaridids

【アノマロカリス類】

分類	節足動物 アノマロカリス類
産出地	カナダ、中国
全長	本分参照

カンブリア紀 約5億4100万年前〜約4億8500万年前

このページで紹介しているアノマロカリス類は全てカンブリア紀に生息。

「あ、お姉さん、気がついたね。そうそう、今日は特別よ。なんと、カナダと中国からアノマロカリスたちが勢ぞろいときたもんだ。うん？　そのコをお買い上げで。まいどあり。やあ、通だね、お姉さん。そのコを選ぶとはね。うん、わかってる。安くするよ」

今日は大漁だ。合計6種類のアノマロカリス類がずらりと並んでいる。「カナダ産 アノマロカリス類 時価」の値札の下には全長1mほどのアノマロカリス・カナデンシス（*Anomalocaris canadensis*）、その右上には、ペイトイア・ナトルスティ（*Peytoia nathorsti*：ラッガニアとも）、左下にはフルディア・ビクトリア（*Hurdia victoria*）がある。左の箱には右からアムプレクトベルア・シムブラキアタ（*Amplectobelua symbrachiata*）、アノマロカリス・サロン（*Anomalocaris saron*）、そして、パラペイトイア・ユンナネンシス（*Parapeytoia yunnanensis*）が鎮座している。右の箱の3種がカナダ産、左の箱の3種が中国産だ。ぜひとも、食べ比べ、味比べをしたいものである。

“史実”においては、中国のアノマロカリス類の方が、カナダのアノマロカリス類よりも1000万年以上も出現が早い。また、他にも、アメリカやオーストラリアからも化石がみつかっており、当時、世界各地の海においてその繁栄を誇っていたものとみられている。

次ページでは、これらのアノマロカリス類に加え、のちのページで登場する種類も等縮尺で並べてみた。ぜひ、比較を楽しまれたい。

主なアノマロカリス類

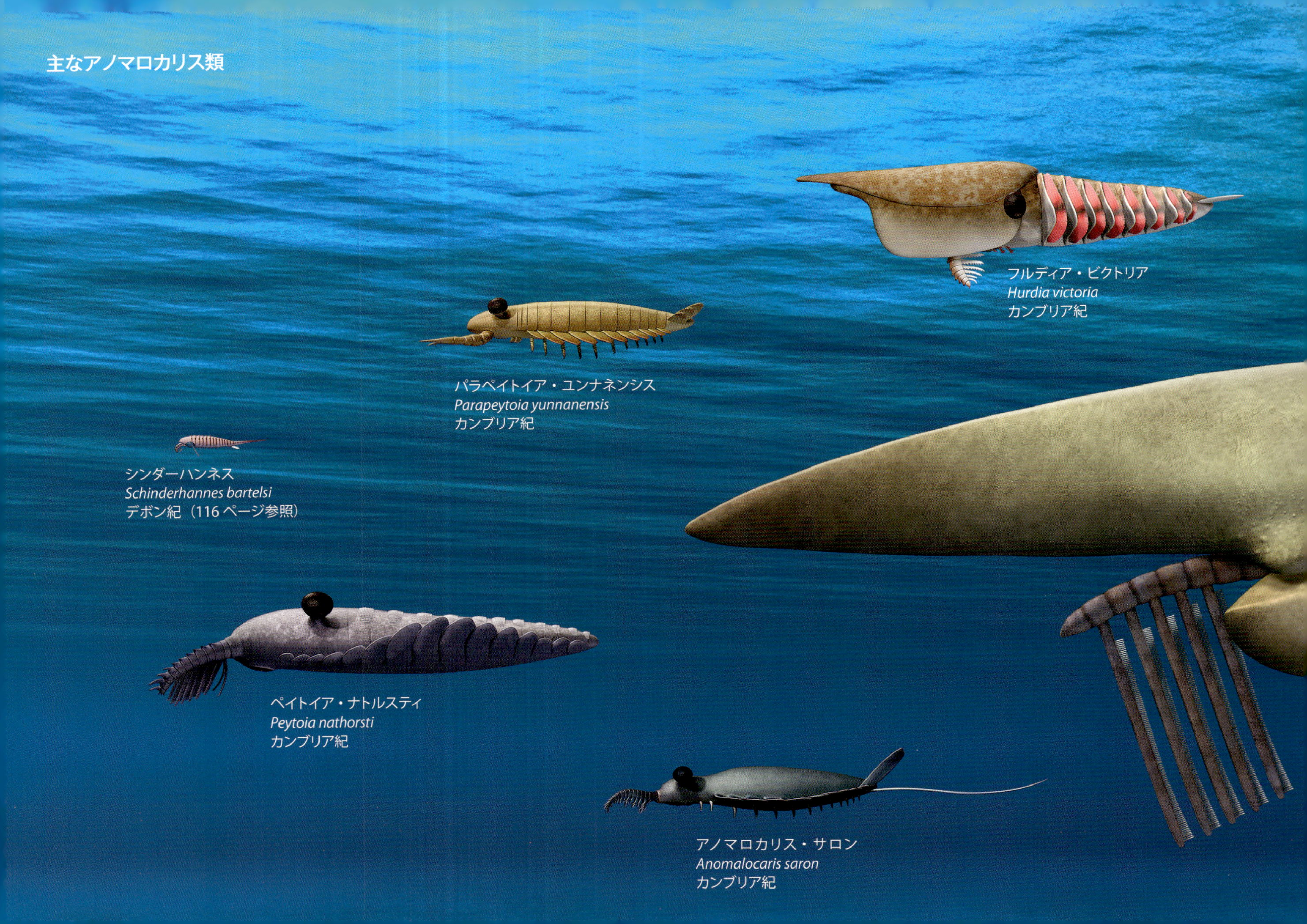
フルディア・ビクトリア
Hurdia victoria
カンブリア紀
パラペイトイア・ユンナネンシス
Parapeytoia yunnanensis
カンブリア紀
シンダーハンネス
Schinderhannes bartelsi
デボン紀（116ページ参照）
ペイトイア・ナトルスティ
Peytoia nathorsti
カンブリア紀
アノマロカリス・サロン
Anomalocaris saron
カンブリア紀

アノマロカリス・カナデンシス
Anomalocaris canadensis
カンブリア紀（30 ページ参照）

エーギロカシス・ベンモウライ
Aegirocassis benmoulai
オルドビス紀（64 ページ参照）

アムプレクトベルア・シムブラキアタ
Amplectobelua symbrachiata
カンブリア紀

Marrella splendens

【マレッラ】

カンブリア紀の海

分類	節足動物 マレロモルフ類
産出地	カナダ
全長	2.5cm

カンブリア紀　約5億4100万年前～約4億8500万年前

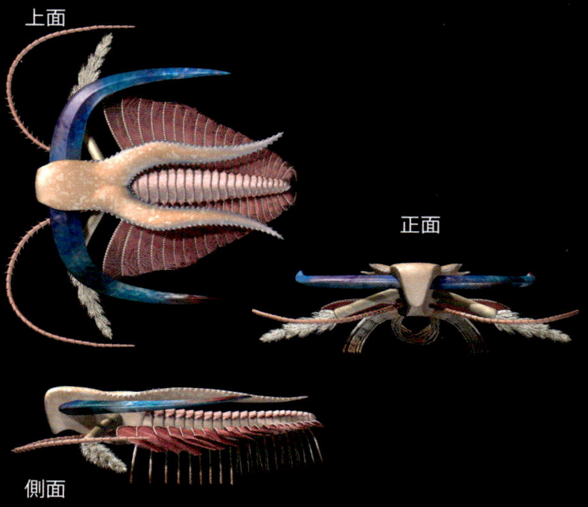

最近は音楽もダウンロードが多くなり、CDを買う機会もめっきりと減ってきた。キラキラと輝くこのディスクは、いずれ貴重な存在になるのかもしれない。

……と、そのディスクに寄ってくる不思議な動物がいる。もぞもぞとしたつくりで、背に2対4本のツノ状構造をもつ。4本のうちの、外側2本は、まるでCDの裏面のように輝いている。

この動物の正体は、マレッラ・スプレンデンス（*Marrella splendens*）。マレロモルフ類という絶滅節足動物グループの代表種である。“史実”においては、古生代カンブリア紀のカナダの海で大繁栄していた動物だ。

一般に、古生物の色は化石として残りにくい。一部の生物は色が残ったり、色をつくる器官が残ったりしているものの、それはあくまでも例外だ。もちろん、七色の色素が残っているという標本は、これまでに確認されていない。

では、今、CDのそばにやってきているマレッラのツノの虹のような色は完全に想像の産物かというとそうではない。実は、マレッラのツノのこの輝きは、科学的な裏付けがある。

そもそもCDの裏面がなぜ七色に輝く理由は、そこに極小の溝があり、光の乱反射を招くからである。CDの裏面が七色に塗装されているわけではないのだ。そして、マレッラのツノにも同じような極小の溝が確認されている。そのため、マレッラのツノもCDの裏面と同じように七色に輝いたとみられているのである。

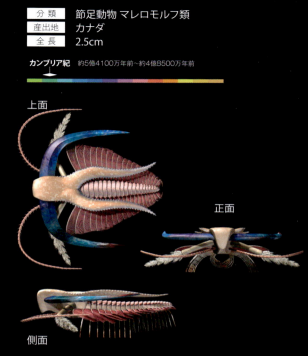

Olenoides serratus

【オレノイデス】

カンブリア紀の海

分 類	節足動物 三葉虫類
産出地	カナダ
全 長	9cm

カンブリア紀 約5億4100万年前~約4億8500万年前

正面

側面

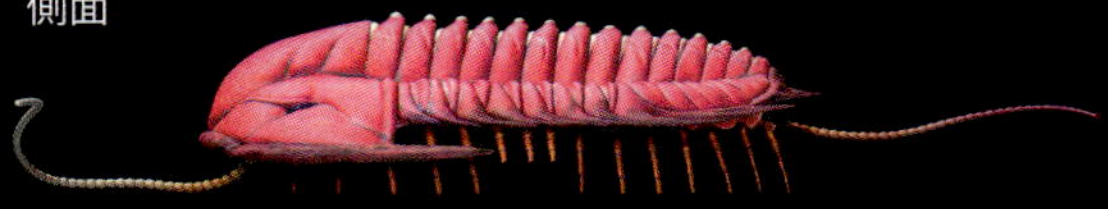

ペットと暮らしたことがある人ならば、自分のスマートフォンのディスプレイに動物の画像や動画を表示してペットにそれを見せ、その反応を楽しむ、ということを一度はやったことがあるのではないだろうか。もちろん、そのペットが三葉虫であっても例外ではなく、何か損があるわけではないし……というわけで、やってみたのが右ページの1枚である。もっとも、三葉虫の複眼がスマートフォンの画像を認識できているかどうかは不明だけれども。

ここに描かれた三葉虫は、オレノイデス・セッラタス（*Olenoides serratus*）だ。アノマロカリス・カナデンシスの化石産地で知られるカナダのバージェス頁岩で、最もよく知られる三葉虫である。オレノイデスの属名をもつ種は他にも複数存在する。たとえば、右ページのスマートフォンに表示している種は、オレノイデス・ネヴァデンシス（*Olenoides nevadensis*）という名前のアメリカ産の三葉虫だ。

オレノイデス・セッラタスは、全長6 ~ 9cmほどの三葉虫である。三葉虫類というグループには、1万を超える種が属しており、その全長は数mm ~ 70cmまでと実に多様だ。ただし多くは10cm未満で、その意味ではオレノイデス・セッラタスは大きくもなく、小さくもない。

“史実”においては、三葉虫類は古生代カンブリア紀からペルム紀まで、実に3億年近くの命脈を保った長寿の海棲無脊椎動物グループだった。

Peachella iddingsi

【ピアチェラ】

カンブリア紀の海

分類	節足動物 三葉虫類
産出地	アメリカ
全長	3cm

カンブリア紀 約5億4100万年前～約4億8500万年前

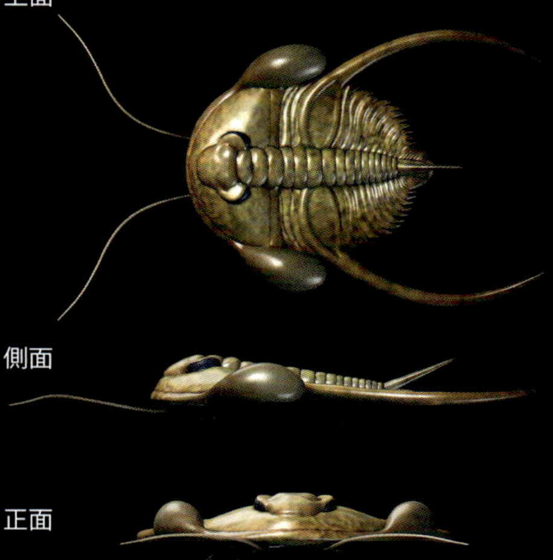

今日はどんなBGMで仕事をしようかな。そう思って、キーボード脇に置いたヘッドフォンに手をのばしたら……何かいた！　頭部の両脇がぷっくらと膨らんだソレは、見ようによってはヘッドフォンをつけているように見えなくもない？　ソレもヘッドフォンに親近感でも抱いたのか、それとも、音楽を聴きたくなったのか……。

ソレの名を、ピアチェラ・イディングシ（*Peachella iddingsi*）という。アメリカの三葉虫だ。もしも、あなたがこんな光景をみかけたのならば、何を置いても、まずはこの三葉虫を確保することをおすすめする。このピアチェラという三葉虫は、「超」のつく希少種で、こうして完全体でお目にかかれることは滅多にない。……まあ、もっとも、生きている三葉虫をみかけたのであれば、それがピアチェラであろうとなかろうと、即確保の対象だろうけれど。

“史実”において、ピアチェラは、カンブリア紀だけで確認できる三葉虫である。全長3cmほどというサイズは、この時代としてはごく普通だ。胸部の両脇からは長く鋭いトゲがのびている。これも、カンブリア紀の三葉虫としてはけっして珍しい特徴ではない。殻に垂直なトゲを持っていないことも珍しくない。

珍しいのは、やはり頭部だ。頭部の両脇にぷっくらと膨らんだ構造がある三葉虫は、カンブリア紀だけではなく、他の時代をみてもなかなか見ることができない。この構造がいったい何の役に立っていたのかは、謎である。

Cambropachycope clarksoni

【カンブロパキコーペ】

カンブリア紀の海

分 類	節足動物 甲殻類
産出地	スウェーデン
全 長	2mm

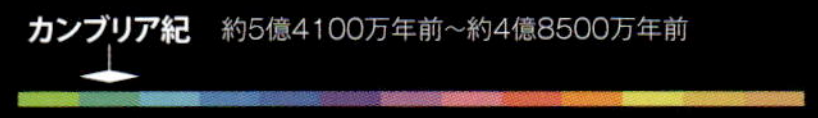

正面

側面

カンブロパキコーペ・クラークソニイ（*Cambropachycope clarksoni*）は、カンブリア紀の甲殻類（エビ・カニの仲間）だ。最大の特徴は、大きな頭部の先端が巨大な複眼になっているということである。カンブロパキコーペには他に眼は確認されておらず、すなわち、この動物はたった一つの複眼だけで、景色を把握していたことになる。

インパクトのある姿をしているので、つい忘れてしまいがちになるが、カンブロパキコーペは全長2mmほどの微小動物である。ボールペンのペン先に乗るほどの大きさで、肉眼でその細部を観察するのは至難と言える。もちろん、そばでくしゃみをするのは厳禁だ。なにしろ、このサイズである。一度見失ったら、もう一度みつけるのは不可能に近い。触る際にも、ちょっとつまんだだけで、「プチッ」とつぶしかねない。扱いには細心の注意が必要だろう。

もしも、あなたの机の上でカンブロパキコーペたちが遊んでいるのをみかけたら、自分の髪の毛を１本とり、その先に水をつけてやさしく拾ってあげてほしい。そののち、水槽にでも移すと良いだろう。

なお、こうした微小な生物の化石は、もちろん、フィールドで認識できるものではない。岩石をまるごと持ち帰り、実験室で物理破壊と化学処理を繰り返して岩石を粉砕する。そうしてできた小さな破片を顕微鏡でのぞきこんで、化石を探すのである。

Wiwaxia corrugata

【ウィワキシア】

カンブリア紀の海

分類	軟体動物
産出地	カナダ
全長	5.5cm

カンブリア紀　約5億4100万年前〜約4億8500万年前

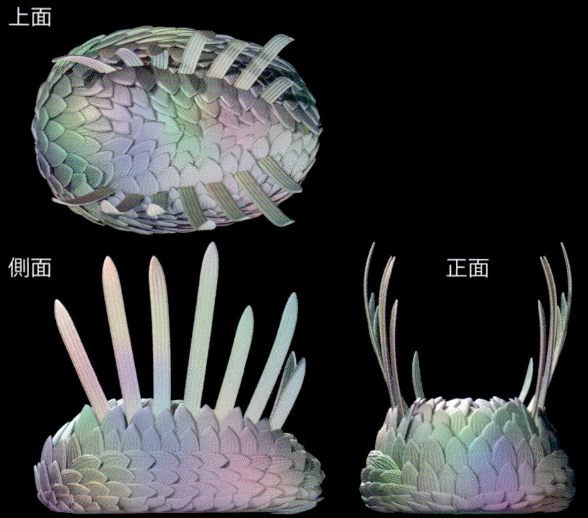

ほっかほっかの中華まんを手に取るときは、けっしてよそ見をしてはいけない。なぜならば、まるで剣のようなつくりが10本以上も左右に並ぶウィワキシア・コッルガタ（*Wiwaxia corrugata*）が紛れ込んでいるかもしれないからだ。たしかに剣のようなつくりをのぞけば、ウィワキシアは、中華まんに似ていると言えなくはないかもしれない。ただし、ウィワキシアはその表面に細かな“鱗”が並んでいる。たとえ、剣のようなつくりがなかったとしても、確認せずに丸かじりをすることはあまりおすすめできない。

このような姿をしていても、ウィワキシアは軟体動物の仲間に分類されている。すなわち、タコやイカ、アサリやシジミなどと同じグループの動物である。鱗さえはずせば、イカやアサリたっぷりの海鮮まんのような味がするかもしれない。

それにしても……派手なコだ。剣のようなつくりも、全身をおおう鱗も、虹色に輝いている。手に取ってみると、鱗や“剣”の輝きは角度によって異なることがわかる。これは、虹色の塗装が塗られているわけではない。CDやDVDの裏面と同じように微細な凹凸がその表面にあり、その凹凸が光を乱反射しているのである。36ページで紹介したマレッラと同じ「構造色」だ。ウィワキシアのそれは全身に及んでいた。

もちろん、ウィワキシアは絶滅している。現実世界では、中華まんに紛れ込む可能性はないので、ご安心を。

Halkieria evangelista

【ハルキエリア】

分類	軟体動物
産出地	グリーンランド、中国、ロシアほか
全長	8cm

カンブリア紀　約5億4100万年前~約4億8500万年前

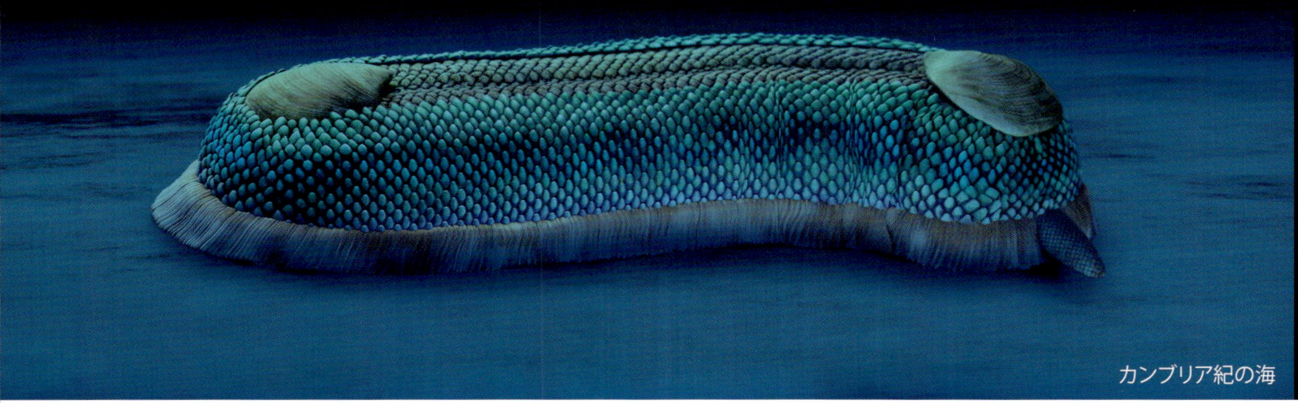
カンブリア紀の海

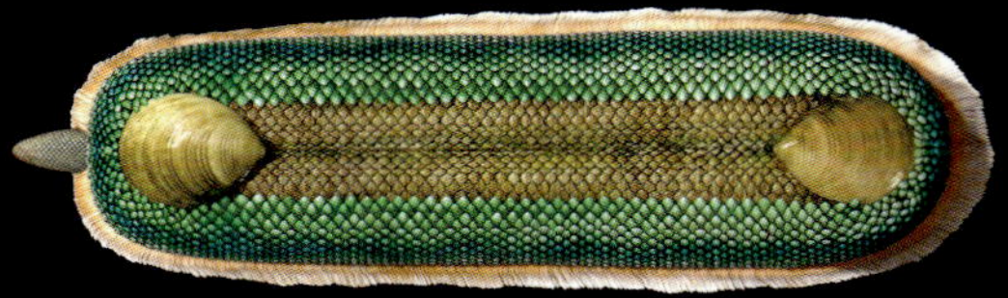
上面

側面

黒板前の溝をのぞいたら、何やら長方形の動物が蠢《うごめ》いていた。モップのような形の底部をもち、チョークの粉を拭き取るように進むその動物は、貝殻のような二つの構造を背にもっている。動物の名前をハルキエリア・エヴァンゲリスタ（*Halkieria evangelista*）という。

ハルキエリアは、カンブリア紀のグリーンランドを代表する動物だ。底部を除く全身を細かな鱗で覆い、背の両端には貝殻状の構造をもつ。ただし、「貝殻」とは言っても、そのつくりは左右対称となっている。アサリやシジミなど、みそ汁の具材で知られる二枚貝の貝殻は左右非対称なので、ハルキエリアの貝殻は二枚貝のそれではない（もっとも、ハルキエリアの貝殻の大きさは、みそ汁の具材としては最適サイズではある）。左右対称の貝殻をもつ動物は、「腕足動物」というグループに分類される。

腕足動物と似た貝殻をもつから、ハルキエリアは腕足動物に分類されるかと言えば、そうではない。たしかにかつては「ハルキエリアのからだが縮まって貝殻だけが合体して残り、そして腕足動物が生まれた」と考えられたこともあった。しかし現在では、ハルキエリアは44ページで紹介したウィワキシアと同じ軟体動物であるとの見方が有力である。貝殻が何の役にたっていたのかは不明だ。

ハルキエリアのからだの表面を構成する細かな鱗は、おそらく死後にバラバラになったとみられている。１枚の鱗が化石としてみつかる例もある。ただし、それはとても小さい。

Nectocaris pteryx

【ネクトカリス】

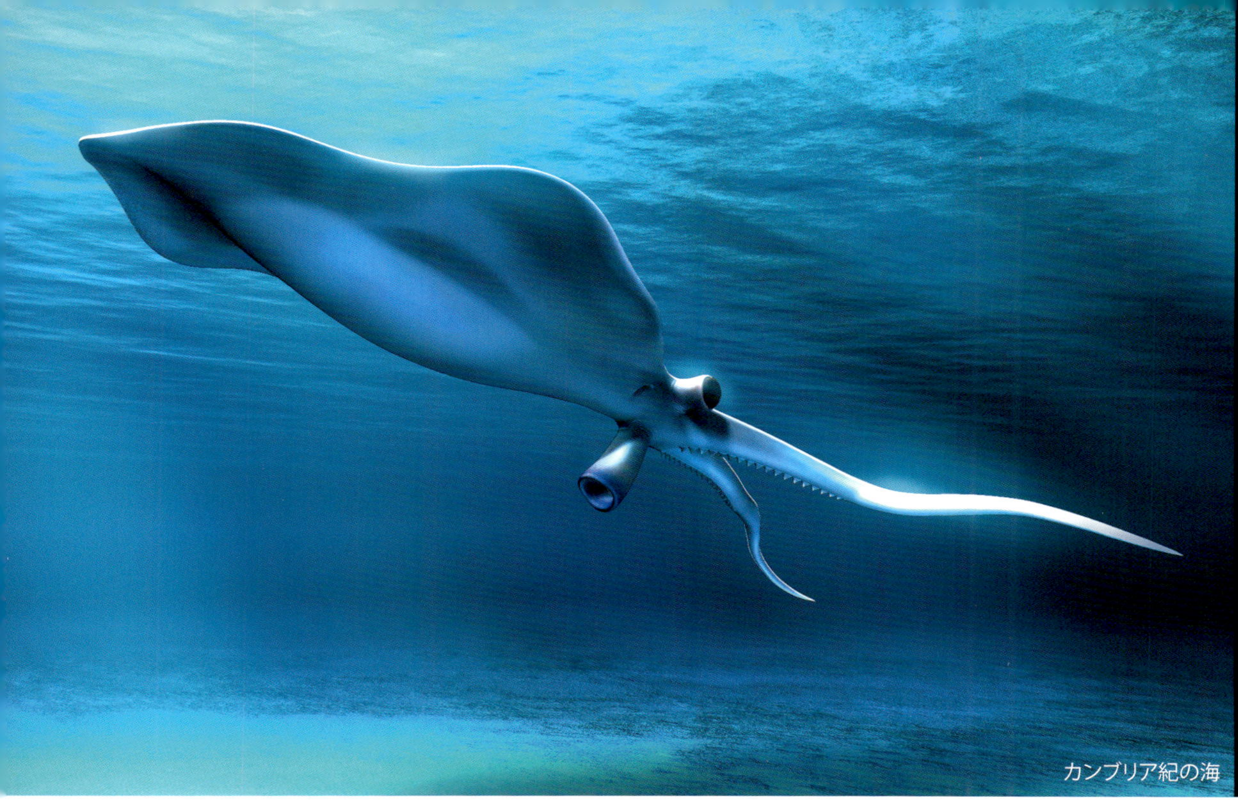

分類	軟体動物 頭足類
産出地	カナダ
全長	7cm

カンブリア紀　約5億4100万年前～約4億8500万年前

上面

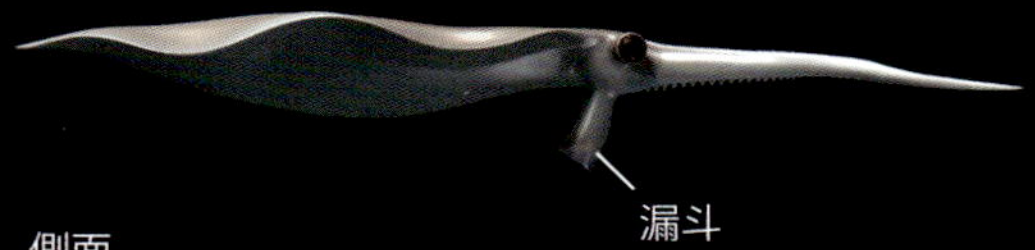

側面

「へい、お待ち」

そう差し出された皿の上には、イカの寿司が3貫……ん？　イカ？

あまりにも自然に載っているので、見逃すところだった。読者のみなさんも気づかれただろうか？　中央の寿司、何か妙である。

なるほど、その姿といい、質感といい、シャリとの相性といい、イカそっくりだ。でも、よく見ると、腕が2本しかない。イカであれば、触腕を含めてその数は10本あるはず。中央の寿司のネタは、触腕以外の腕が失われている……というわけでもなさそうだ。それに……あれ？　イカの眼って、こんな風に飛び出ていたかしらん？

食べる前に思わずいろいろと観察してしまいそうなこのネタは、もちろんイカではない。ネクトカリス・プテリクス（*Nectocaris pteryx*）である。イカではないけれども、イカやタコと同じ頭足類に分類される動物だ。2本の腕の他に、イカと同様の大きな漏斗をもつという特徴もある。この漏斗から水をはき出し、泳ぎを制御していたらしい。

“史実”において、ネクトカリスは、古生代カンブリア紀のカナダの海に生息していた。生命史上、最も初期の頭足類の一つだ。頭足類には、アンモナイトなどの「殻のある仲間」も含まれる。頭足類の進化に関しては、「殻のある仲間」と「殻のない仲間」のどちらが先に登場したのかが議論となっているが、ネクトカリスによって後者を押す声が一歩リードしている。

Pikaia gracilens

【ピカイア】

カンブリア紀の海

分 類	脊索動物
産出地	カナダ
全 長	6cm

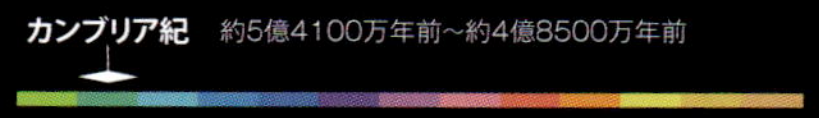

上面

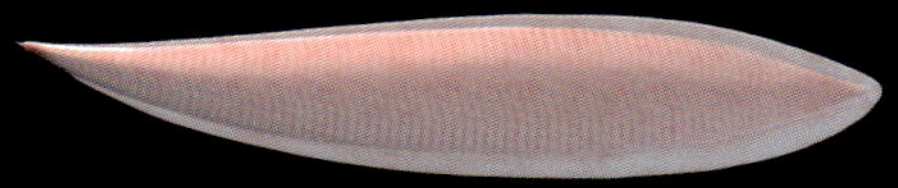

側面

縁日と言えば、金魚すくい。しかし、今年の金魚すくいはちょっと変わっていた。何やらぴちぴちと跳ねる“サカナのようなもの”が獲れたのだ。サカナとのちがいは、どうにも頭らしいつくりが見えないところである。おそらく眼もあるまい。

「やだ。なんかキモい」と思われることなかれ。今、あなたがすくったこの動物は、20世紀のアメリカを代表する古生物学者の一人、スティーヴン・ジェイ・グールドが「とっておき」と気に入っていたピカイア・グラシレンス（*Pikaia gracilens*）なのだ。グールドは、脊索動物に分類される全長6cmほどのこの動物を、人類に連なる進化の“基点”に近い位置にいると考えた。そして、著書『ワンダフル・ライフ』の中で、ピカイアを「われわれの直接の祖先としては最古」として紹介した。

グールドが『ワンダフル・ライフ』を著した1980年代においては、たしかにピカイアは知られている限り唯一のカンブリア紀における脊索動物だった。「脊索動物は脊椎動物の原始的な存在という考えにもとづくと、ピカイアは脊椎動物に連なる最古の存在」という見方は、当時としては誤りではなかった。

しかし20世紀末から今世紀にかけて、次ページで紹介するミロクンミンギアや54ページのメタスプリッギナなどのサカナの仲間（脊椎動物無顎類）が相次いで報告された。そのため、ピカイアは「脊椎動物に連なる最古の存在」の座を追われることになった。

Myllokunmingia fengjiao 【ミロクンミンギア】

カンブリア紀の海

分類	脊椎動物 無顎類
産出地	中国
全長	3cm

カンブリア紀　約5億4100万年前～約4億8500万年前

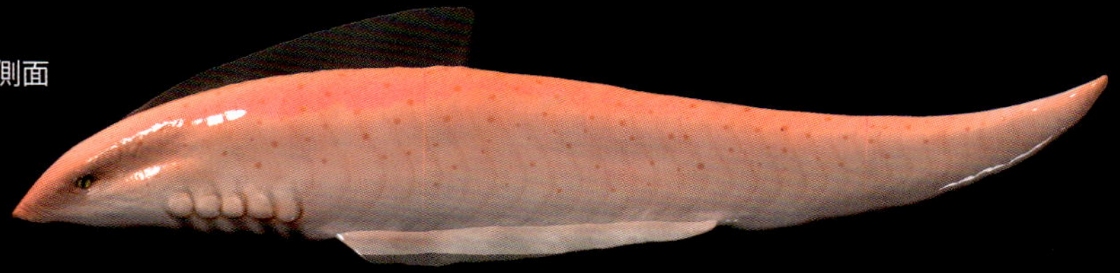

ネコの視線の先にある金魚鉢の中では、金魚ではない、なにやら別の小さなサカナが泳いでいる。群れをつくるこのサカナの名前をミロクンミンギア・フェンジャオ（*Myllokunmingia fengjiao*）という。ヒトの親指ほどのサイズしかない、あごをもたないサカナだ。

“史実”において、ミロクンミンギアは記念碑的な存在である。何しろ、その化石は今から約5億1500万年前の地層からみつかっている。「5億1500万年前」という数字は、すなわち、この化石が知られている限り最古の脊椎動物のものであることを意味しているのだ。ミロクンミンギアは、“史上最古のサカナ”なのである。

ミロクンミンギアは全長2～3cm。現生のメダカよりも少し小さい。背鰭、眼、鰓などをもつ一方で、あごをもたず、その点で現生の“普通のサカナの仲間たち”とは一線を画している。「あごをもたない」ということは、一定以上の硬さをもつ動物を食べることができなかったということでもあり、2～3cmというサイズも相俟って、ミロクンミンギアは海洋生態系における“弱者”だったとみられている。いわゆる生態ピラミッドの、底辺に近い層に位置していたのだ。

さて、左ページのイラストの中では、ミロクンミンギアが金魚鉢の中で群れをつくっている。これはまったくの想像で描かれたものではない。実際、ミロクンミンギアの近縁種は、100個体以上の化石が、直径2mの場所に密集していた例が報告されているのだ。弱者なりの生きる術として、「群れ」をつくっていたのかもしれない。

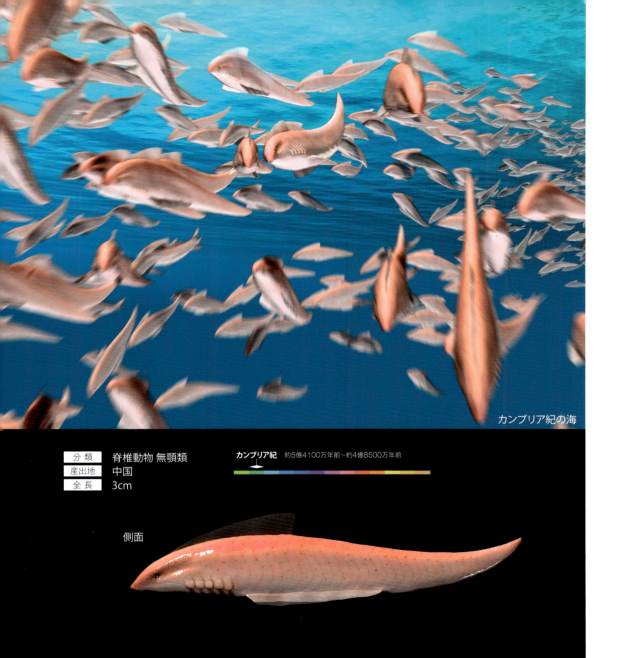

Metaspriggina walcotti

【メタスプリッギナ】

分類	脊椎動物？無顎類？
産出地	カナダ
全長	7cm

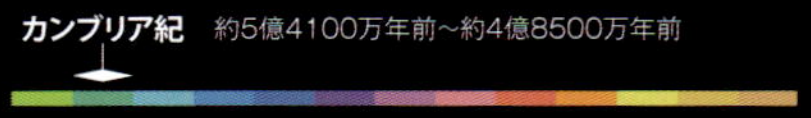

上面

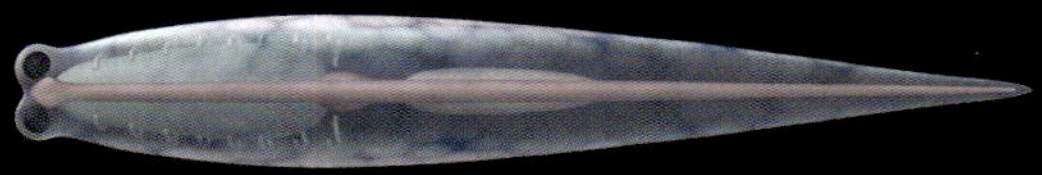

側面

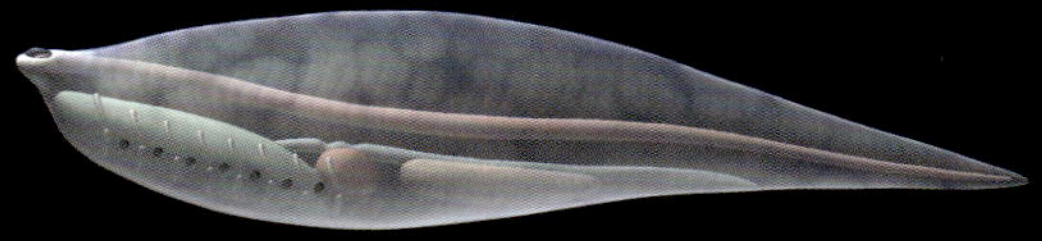

黒猫が金魚鉢を覗き込んでいる。そして、金魚鉢の中には、果敢にもその黒猫と睨み合っているツワモノがいる。半透明のからだをもち、大きさは7cmほど。からだの割りには大きな眼が特徴なそのツワモノは、メタスプリッギナ・ウォルコッティ（*Metaspriggina walcotti*）だ。よく見ると、一対の眼は頭部から突き出ている。しかも、多くのサカナのように側面を向いているわけではなく、背面を向いている。

メタスプリッギナは、かつてピカイア（50ページ参照）のような脊索動物に分類されていた。しかし近年の再研究によって、筋節、鰓器官、鼻の孔、二つの眼などが確認された。この研究により、ピカイアのような脊索動物というよりは、ミロクンミンギア（52ページ参照）のような無顎類に分類すべきであるという意見が提案されている。

“史実”においては、メタスプリッギナはミロクンミンギアと同じカンブリア紀に生きていた。メタスプリッギナが無顎類であるとすれば、ミロクンミンギアと並ぶ、「最初期のサカナ」と言えるかもしれない。ただし、「同じカンブリア紀」とはいっても、ミロクンミンギアの方がメタスプリッギナよりも1000万年ほど古い。最初期の「期」が意味する“幅”には注意が必要だ。

あ、だめだよ、食べてはいけないよ！　そろそろ黒猫を止めた方が良いだろう。「最古」ではないにしろ、メタスプリッギナが「貴重なサカナ」であることに変わりはないのだから。

Vetulicola cuneata

【ヴェトゥリコラ】

分類	古虫動物？
産出地	中国
全長	9cm

カンブリア紀　約5億4100万年前～約4億8500万年前

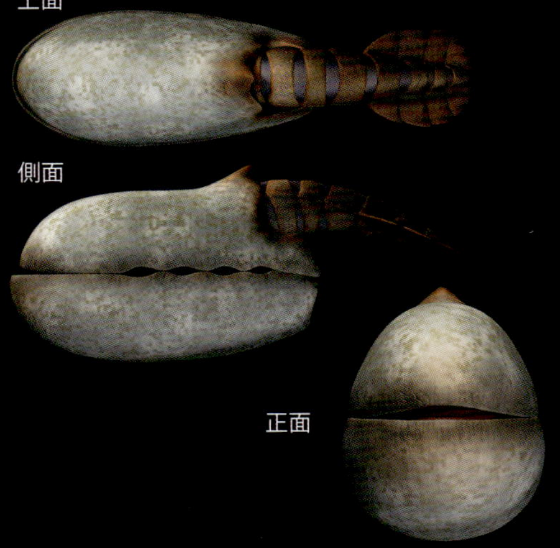

机の上に妙な動物がいる。

「なんだ、これ？」

そう思われるのも無理はない。その動物は、大きく二つにわかれた部位からなる。前半部は何か得体のしれない殻のようなものが組み合わさっている。後半部には節があり、なんとなく「エビっぽい」と言えるかもしれない。

よくよく考えると、これは不思議なつくりである。とくに前半部だ。殻のようなつくりが「上下に」組み合わさっている。脚は確認されていない。しかも、この動物の前半部は、水平方向に切れ込みがある。この切れ込みは何なのか？

ひょっとしてホチキスのように上下に開いたのだろうか。まったくの謎である。

さて、この不思議な動物をヴェトゥリコラ・クネアタ（*Vetulicola cuneata*）と呼ぶ。こうした学名はついているものの、実は分類が定かではない。ある研究者は、他の動物とかなり異なるという点に着目し、「古虫動物」という分類群を創設した。そして、いくつかの似たような形をもつ動物とともに、ここにまとめている。

ヴェトゥリコラは、これまでに眼は確認されていないし、脚も確認されていない。果たしてこれはいったいどんな動物だったのだろうか？　机の上に置かれていたのなら、ぜひ、じっくりと観察してみてほしい。

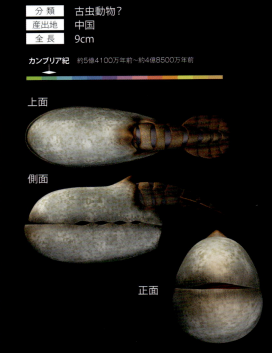

Xidazoon stephanus

【シダズーン】

分類	古虫動物？
産出地	中国
全長	9cm

カンブリア紀　約5億4100万年前～約4億8500万年前

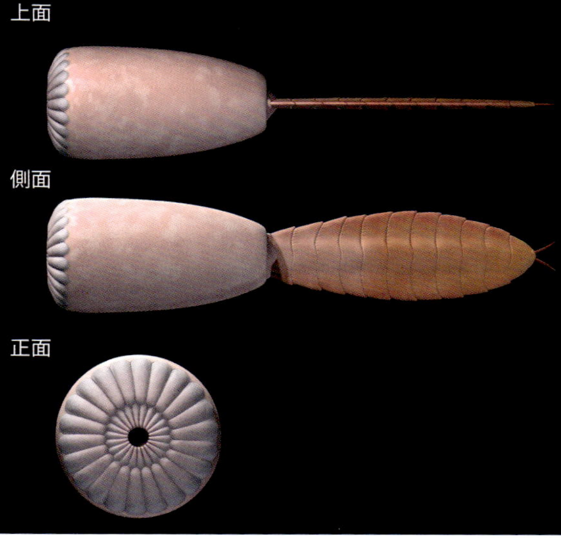

寒くなってきたら、おでん！　大根、卵、こんにゃく、昆布、いか巻、ちくわ、……あれ？

「ねぇ、何か、妙なものが入っているんだけど……？」

そう問いたくなる気持ちはよくわかる。今、あなたの前に供されている皿の上には、妙な具材が1種類入っている。

もともとおでんの具は、地域差、地方差はもとより家庭の差もあると言われる。オリジナリティあふれる具材を入れる、というのは、おでんの楽しみ方の一つだろう。しかし、いかにオリジナルを目指していたとしても、この皿の中（画像では左下）にある具材は見たことがないはずだ。

この具材の名前は、シダズーン・ステファヌス（*Xidazoon stephanus*）。筒状の前半身と、ひれ状の後半身で構成される動物だ。前半身には、まるでちくわのように、中軸部にぽっかりと穴が開いている。この穴から体内におでんの汁が染み込んで、なんとも良い味を出してくれそうである。この穴は、シダズーンの口とみられている。

「え？　なに、これ？　美味しいの？」

そう問いかけられると、実は何も答えようがない。シダズーンは、“史実”ではカンブリア紀だけで確認できる動物で、現生動物との類縁関係がはっきりしていない。研究者によっては、古虫動物という独自のグループを設立しているほどである。機会があれば、その味は自分で確かめてみてほしい。

Siphusauctum gregarium

【シッフアサウクトゥム】

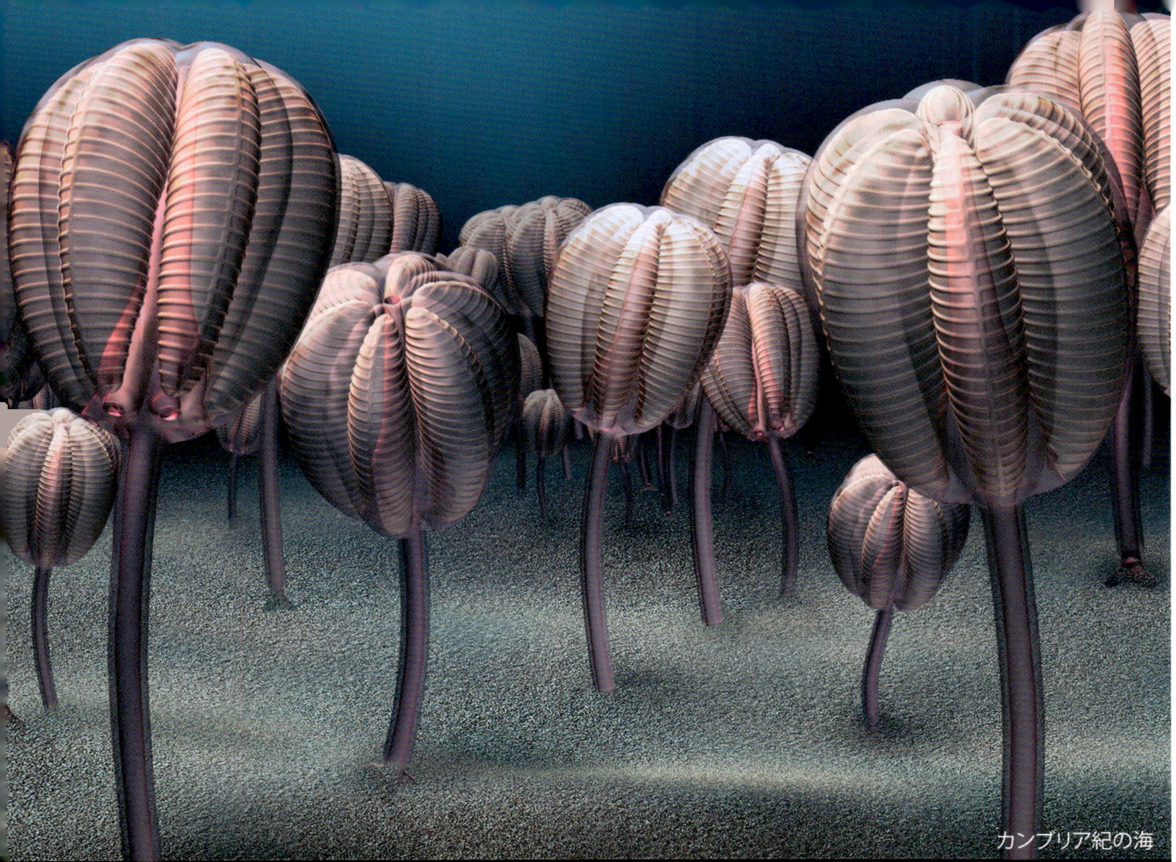

分類	不明
産出地	カナダ
全長	20cm

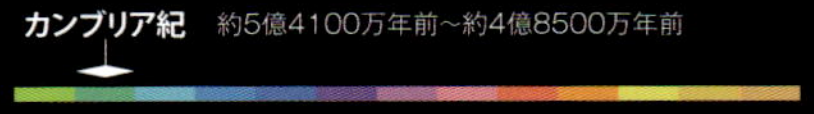

側面

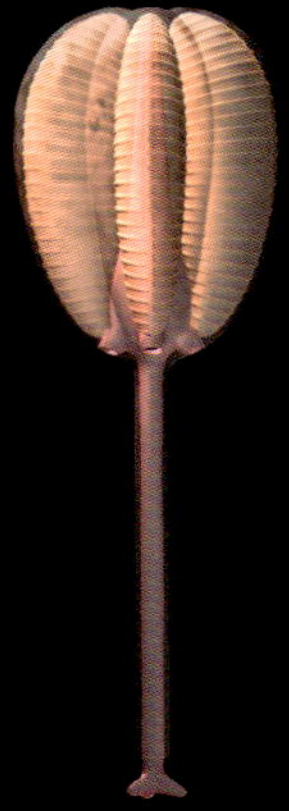

真上　真下

綺麗なチューリップの花束の中に、見慣れぬものが一輪刺さっている。チューリップの花のような膨らんだ形のそれは、シッファサウクトゥム・グレガリウム（*Siphusauctum gregarium*）と呼ばれている。

「一輪」という数え方は、シッファサウクトゥムにはふさわしくないかもしれない。たしかに、シッファサウクトゥムは細く長い茎をもち、その先に萼がある。その姿から「チューリップ・クリーチャー」との異名もある。しかし、この生物はチューリップとはちがって動物なのだ。ただし、動物であるということ以上の情報はまったくわかっていない。

シッファサウクトゥムの萼を上から見ると、中心に小さな穴がある。これは、おそらく肛門であるとみられている。その肛門を取り囲むように合計六つの房状構造があり、それぞれの房の底には小さな穴があった。その穴こそが口であり、水を吸い込むことで栄養分もともに吸収していたのではないか、とされる。

チューリップの花束の中にあると埋没してしまいそうな（？）シッファサウクトゥムだけれども、“史実”においては、その存在感はおそらく圧倒的だった。なにしろ、この動物はカンブリア紀の海の生き物だ。カンブリア紀の動物の多くは、全長10cmほどであり、シッファサウクトゥムほどの大きさをもつものはほとんどいなかったのだ。しかも、ある海域では、シッファサウクトゥムは茂り、海中の“お花畑”をつくっていたのである。

オルドビス紀 *Ordovician period*

サイズと姿に多様性が生まれ、そして超巨大な生物が初めて現れた時代です。約4億8500万年前になると、古生代第2の時代であるオルドビス紀が始まります。カンブリア紀に引き続き、この時代の生物の多くもヒトの手のひらサイズでした。しかし、ポツポツと数十cm級の動物や、メートル級の動物が増えてくるようになります。その中には、全長11mという超巨大級もいました。「11m」という数字は、オルドビス紀最大であるだけではなく、古生代の全時代を通じてもずば抜けた大きさです。

全長値という「長さの数字」だけにとどまらないのが、オルドビス紀の動物たちに起きた変化です。三葉虫類はそのつくりが立体的になり、また多様な肢をもつウミサソリ類も登場しました。また、サカナの仲間もより“サカナらしく”なり、多様になってきました。

Aegirocassis benmoulai

【エーギロカシス】

分類	節足動物 アノマロカリス類
産出地	モロッコ
全長	2m

正面

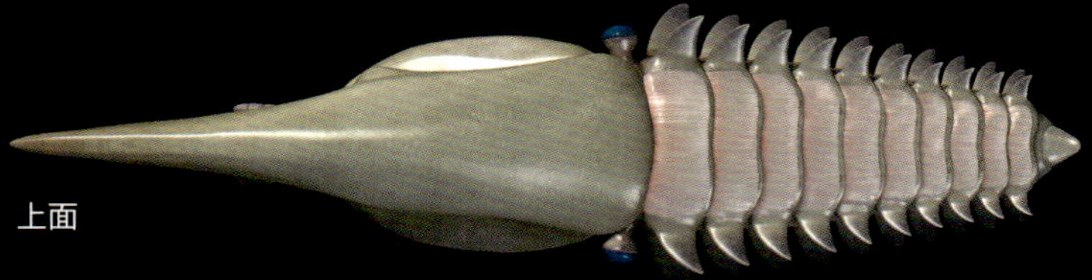
上面

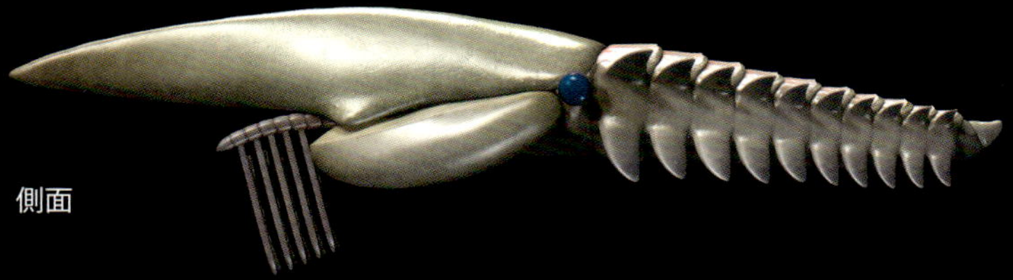
側面

マグロと一緒に妙なものが水揚げされた。全長2mに達する円錐形のからだ。大きな頭部に大きな複眼。櫛のような構造のついた2本の“触手”。特筆すべきはひれの並びで、上下2列になっている。はたして食べられるのだろうか……。

妙なものの正体は、エーギロカシス・ベンモウライ（*Aegirocassis benmoulai*）。30～35ページで紹介したアノマロカリスの仲間である。触手（正確には「大付属肢」と呼ぶ）の内側には、細かい櫛状のトゲが並んでいる。この触手を使い、海水中のプランクトンを集めて食べていたようだ。

“史実”においては、エーギロカシスはオルドビス紀初頭のアノマロカリス類であり、30～35ページのカンブリア紀のアノマロカリス類とは、生息時期において2500万年以上の開きがある。ただし、“その時代の最大級生物”という意味では、エーギロカシスは、カンブリア紀のアノマロカリス類と同じだ。オルドビス紀の初頭には2m級の生物はそうそういなかった。

ただし、カンブリア紀のアノマロカリス類の多くが肉食性だったという点を考えると、プランクトン食というエーギロカシスは珍しいと言える。当時の大半の動物たちにとって、エーギロカシスは大きくても襲ってこない。つまり、“優しい巨人”だったのかもしれない。

「大きなからだをもつプランクトン食」は、現生海洋生態系のヒゲクジラ類と共通する特徴でもある。

Asaphus kowalewskii
【アサフス】

オルドビス紀の海

分類	節足動物 三葉虫類
産出地	ロシア、スウェーデン、エストニアほか
全長	11cm

オルドビス紀　約4億8500万年前～約4億4400万年前

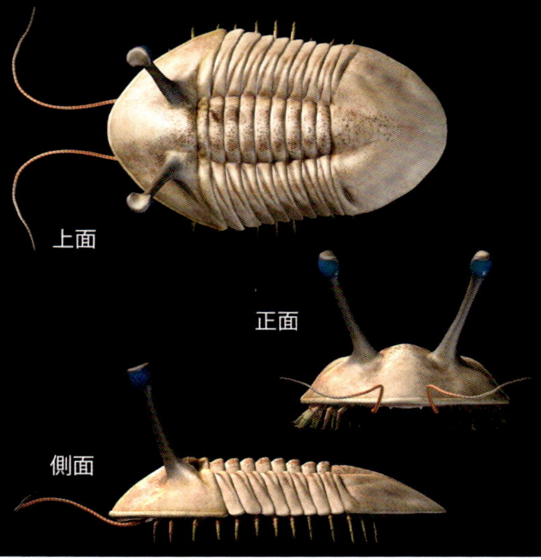

夕焼けのテニスコートで、2匹の三葉虫が佇んでいる。なんともシュールな光景である。そこに何らかの人間的なドラマを感じずにはいられない。

この三葉虫の名前を、アサフス・コワレウスキー（*Asaphus kowalewskii*）という。その大きさは最大で11cmにも達するが、左ページのようにテニスボールよりも一回り大きい程度の個体も少なくなかった。

“史実”においては、オルドビス紀当時、「アサフス」の属名をもつ三葉虫たちが大繁栄し、多数の種を擁していた。その中で、アサフス・コワレウスキーは、ひと際目立つ存在である。数cmの長さの眼軸があり、その先に複眼がついていたのだ。まるで、カタツムリのような風貌のもち主である。カタツムリの眼との大きなちがいは、アサフス・コワレウスキーの眼軸が殻と同じ硬組織でできているということだ。そのため、カタツムリのような伸縮性や柔軟性はなかった。

オルドビス紀の海洋世界においては、その眼がギリギリ外をみることができるほどの溝を海底にほり、そこに身を潜めて外のようすをうかがっていたという説がある。

カンブリア紀に登場した三葉虫類は、オルドビス紀においてもそのサイズは変わらず、多くはここに描いたような10cm以下だ。ただし、オルドビス紀の三葉虫は、カンブリア紀の三葉虫よりもアサフス・コワレウスキーの眼のような“３次元的な構造”を発達させたものがよくみられるようになる。

Boedaspis ensipher

【ボエダスピス】

オルドビス紀の海

分類	節足動物 三葉虫類
産出地	ロシア
全長	7cm

オルドビス紀　約4億8500万年前〜約4億4400万年前

正面

側面

上面

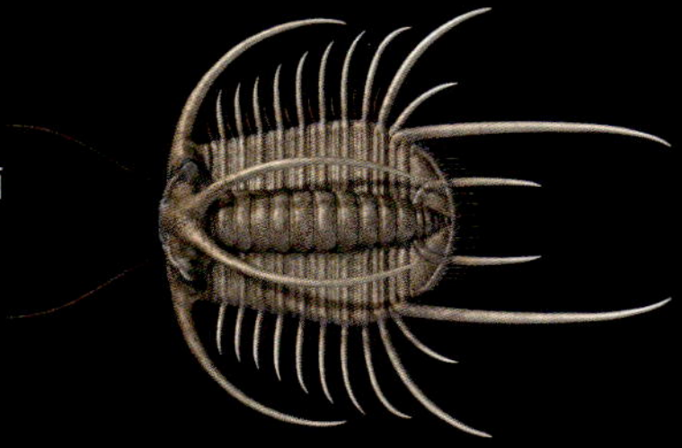

　さあ、次のカードは何を出そうか。ウイスキーを置いて、手を伸ばす……おっと、危ない。カードの上に何かいた。側方へ伸びる大小のトゲ、後頭部からのびる2本のツノ。よそ見をして手を伸ばしていたら、怪我をしてしまったかもしれない。

　このトゲトゲな生物は、三葉虫類の一種だ。その名を、ボエダスピス・エンシファー（*Boedaspis ensipher*）という。現在のロシアで化石がみつかる三葉虫である。……ということは、ひょっとするとウイスキーよりもウオッカの方が、このシチュエーションにはふさわしかったかもしれない。

　さて、ボエダスピスは、“史実”においては、オルドビス紀の海底に生きていた三葉虫類である。全長7cmというサイズは、三葉虫類としては“並”のサイズ。大きくも小さくもない。しかし、これだけトゲで武装しているというのは、実はオルドビス紀の三葉虫類としては珍しい。少数派である。

　三葉虫類はその歴史において、大まかに次のような進化の傾向をみせる。カンブリア紀のそれは平たくて、概ね似通ったものが多い。オルドビス紀になると、立体的な構造をもつものが多くなる。シルル紀には種数自体が少なくなり、多様性が減少する。そして、デボン紀にはトゲトゲの三葉虫類が多く見えるようになる……そう、ボエダスピスは時代のトレンドを先取りしているのだ。

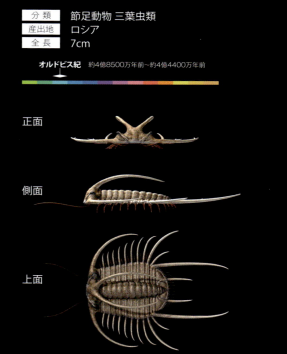

Remopleurides nanus

【レモプレウリデス】

オルドビス紀の海

分類	節足動物 三葉虫類
産出地	ロシア、エストニア
全長	2cm

オルドビス紀 約4億8500万年前~約4億4400万年前

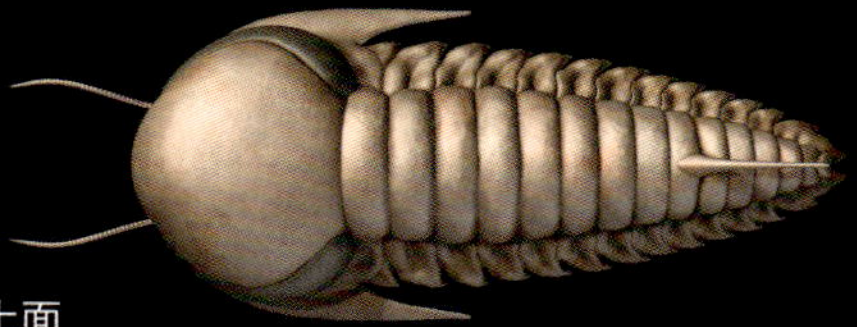

上面

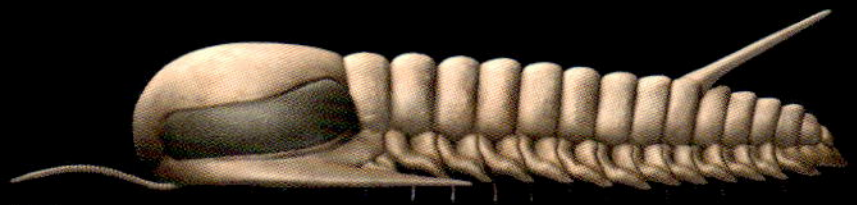

側面

正面

「神の一手」を極めんと、碁に集中していたら、何やら碁盤の上に妙な動物が現れた。碁盤の升目よりもやや小さなサイズのその動物は、石が置かれる様子をじーっとみつめている。その動物の名前は、レモプレウリデス・ナヌス（*Remopleurides nanus*）。三葉虫類の一種だ。

“史実”において、レモプレウリデスはオルドビス紀のロシアに生息していた。オルドビス紀当時の三葉虫類は10cm前後の種が多く、レモプレウリデスのような升目サイズ以下というものは、やや珍しい。ここに描かれているサイズは標準的ではあるものの、最大サイズでもそのサイズは4cmに届かないとされる。一方で、1cmほどの小さな個体もいたようだ。

儚げな印象さえ抱かせるレモプレウリデスだけれども、その形状に注目されたい。全体的に流線型で、大きな複眼は頭部の側面に帯のように伸びる。それは、同じオルドビス紀のロシアに生息していたアサフス（66ページ参照）やボエダスピス（68ページ参照）との大きなちがいだ。

この形状ゆえに、レモプレウリデスは遊泳生活者だったのではないか、との見方が強い。流線型のからだは、水中をそれなりの高速で移動するときに威力を発揮し、水の抵抗を減らす。帯のように広い目は、泳ぎながら3次元空間を把握することに適している。よく見ると、尾部の付け根に小さなトゲがある。このトゲは、遊泳の際に舵の役割を果たしたのかもしれない。少なくとも、姿勢制御には役立ったことだろう。

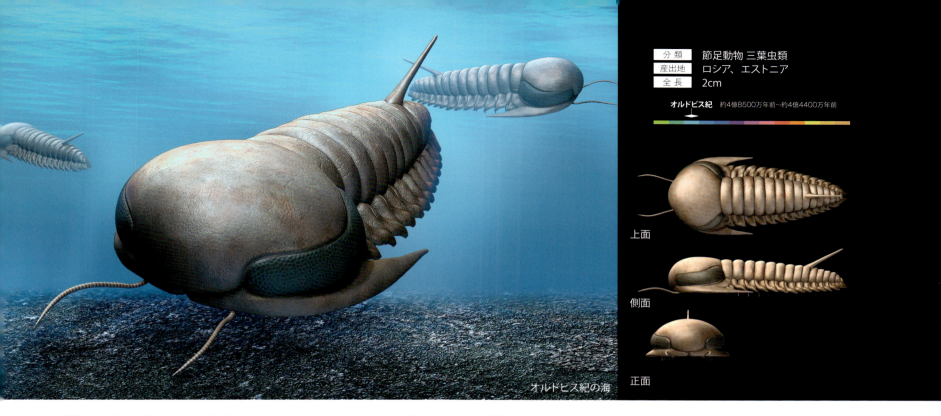

Pentecopterus decorahensis

【ペンテコプテルス】

オルドビス紀の海

分類	節足動物 鋏角類 ウミサソリ類
産出地	アメリカ
全長	1.7m

オルドビス紀　約4億8500万年前〜約4億4400万年前

サーフボードに混ざって何やら見慣れないものが干されていることに気づかれただろうか。新しいタイプのサーフボード？　いやいや、これは歴とした動物だ。「ウミサソリ類」というグループに属する節足動物である。サーフボードのように人がその背に立って波に乗ることができるかどうかはわからないけれども、「試しにやってみる」というのであれば、もう少し人が浜辺からいなくなってからが良いだろう。このウミサソリ類は、鋭いトゲの並ぶ付属肢をもっている。泳いでいる人々にそのトゲが刺さったら、タイヘンである。

ウミサソリ類は、約250種が確認されている。海のみならず淡水を含めたさまざまな水圏に暮らしていた節足動物のグループで、文字通り「サソリ」に似た姿をしている。ここに干されているのは、ペンテコプテルス・デコラヘンシス（*Pentecopterus decorahensis*）という種だ。“史実”においては、オルドビス紀中期に生息していた世界最古級のウミサソリである。ペンテコプテルスは、約1.7mという全長のもち主で、この時代としては大きな部類に入る。

一般的に、生物は時代が進むほどに大型化する傾向がある。ペンテコプテルスは「最古級のウミサソリ類」ではあるけれども、1.7mもの巨体だった。そのため、化石はみつかっていないだけで、もう少し小さな祖先がいた可能性は低くない。そう考えると、ウミサソリ類の歴史はカンブリア紀あたりまで遡ることになるのかもしれない。

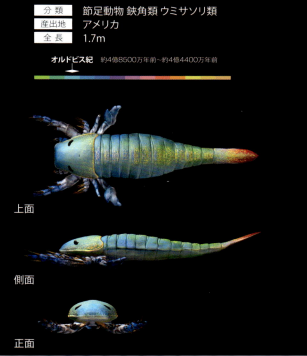

Megalograptus ohioensis

【メガログラプタス】

オルドビス紀の海

分類	節足動物 鋏角類 ウミサソリ類
産出地	アメリカ
全長	1.2m

オルドビス紀　約4億8500万年前~約4億4400万年前

あれ？　ペンテコプテルスと同じじゃん。どうなってるの？　と思われた読者のみなさまもいるだろう。そんなみなさまは、画像をよ~くご覧頂きたい。画像の右下である。新たにウミサソリ類が1種加わっていることに気づかれるだろう。ペンテコプテルスの半分ほどの大きさのそのウミサソリ類は、メガログラプタス・オハイオエンシス（*Megalograptus ohioensis*）という。

メガログラプタスは、ペンテコプテルスと同じアメリカ産のウミサソリ類である。ペンテコプテルスとの大きなちがいは、まずはその体サイズである。ペンテコプテルスが1.7mの全長をもっていたことに対して、メガログラプタスは1.2mほどしかない。もっとも、ウミサソリ類としては1.2mという数字はけっして小型というわけではなく、むしろペンテコプテルスの「1.7m」という数字が「かなり大きい」。

また、“尾部”の先端もペンテコプテルスとメガログラプタスの大きなちがいと言えよう。ペンテコプテルスのそれが幅広のサーベルのような形だったことに対して、メガログラプタスのそれはハサミのようになっている。

“史実”において、ペンテコプテルスとメガログラプタスは同じオルドビス紀のウミサソリ類だけれども、メガログラプタスの方が900万年ほど新しい。この頃には、他にもいくつかのウミサソリ類がいたようで、全身の復元こそなされていないものの、複数種の化石の報告がある。しだいにウミサソリ類の種数が増えていった時期だ。

Lunataspis aurora

【ルナタスピス】

オルドビス紀の海

分類	節足動物 鋏角類 カブトガニ類
産出地	カナダ
全長	5cm

オルドビス紀 約4億8500万年前～約4億4400万年前

正面

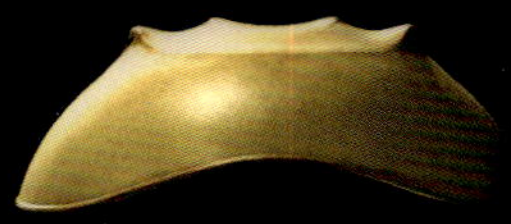

側面

上面

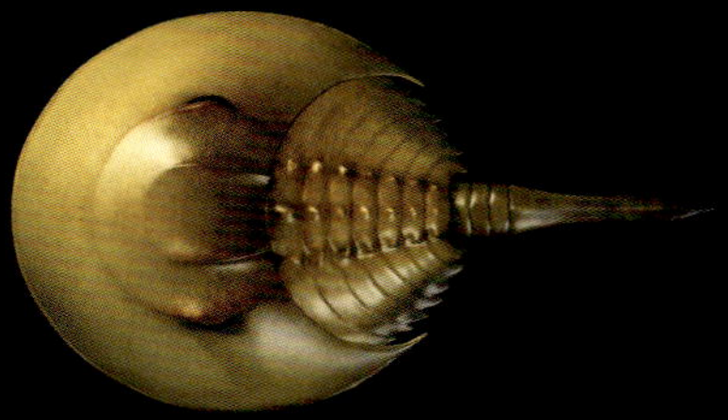

カブトガニが海岸を歩いている。半円形の殻の前体、ほぼ六角形の後体。そして、後方へと伸びる尾剣。アメリカ大陸の東岸、東南アジア、日本でも瀬戸内海や九州北部などで見ることのできる光景だ。

そんなカブトガニのまわりを、まるで隊列を組むかのように小さな動物たちが囲んでいる。カブトガニと同じ方向を目指すそのコたちの風貌は、カブトガニとよく似ている。

カブトガニのまわりにいる小さな動物たちは、ルナタスピス・オウロラ（*Lunataspis aurora*）。カブトガニと姿が似ているのは、それもそのはず。ルナタスピスは、カブトガニ類というグループの構成員なのである。

“史実”において、ルナタスピスは、オルドビス紀のカナダに生息していたカブトガニ類であり、知られている限り最古のカブトガニ類でもある。現生カブトガニのことを「生きている化石」とがある。それは、「化石種とくらべて姿がほとんど変わっていない」ことに由来する呼び名だ。こうして最古のカブトガニ類であるルナタスピスと、現生のカブトガニを並べて比較すると、なるほど、「姿」はそっくりだ。「生きている化石」という呼び名も、しっくりくる。

もっとも、よくよく見ると違いもある。たとえば、ルナタスピスの後体にはなにやら節のようなつくりがあるのだ。ただし、拡大して見ると、これは節ではなくて“階段状構造”。あくまでも1枚の板であり、その点では現生カブトガニと変わりはない。

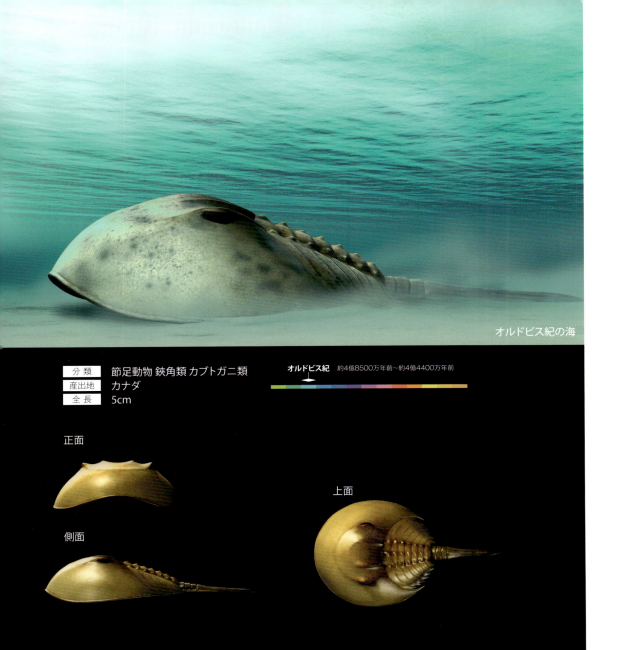

Cameroceras trentonense

【カメロケラス】

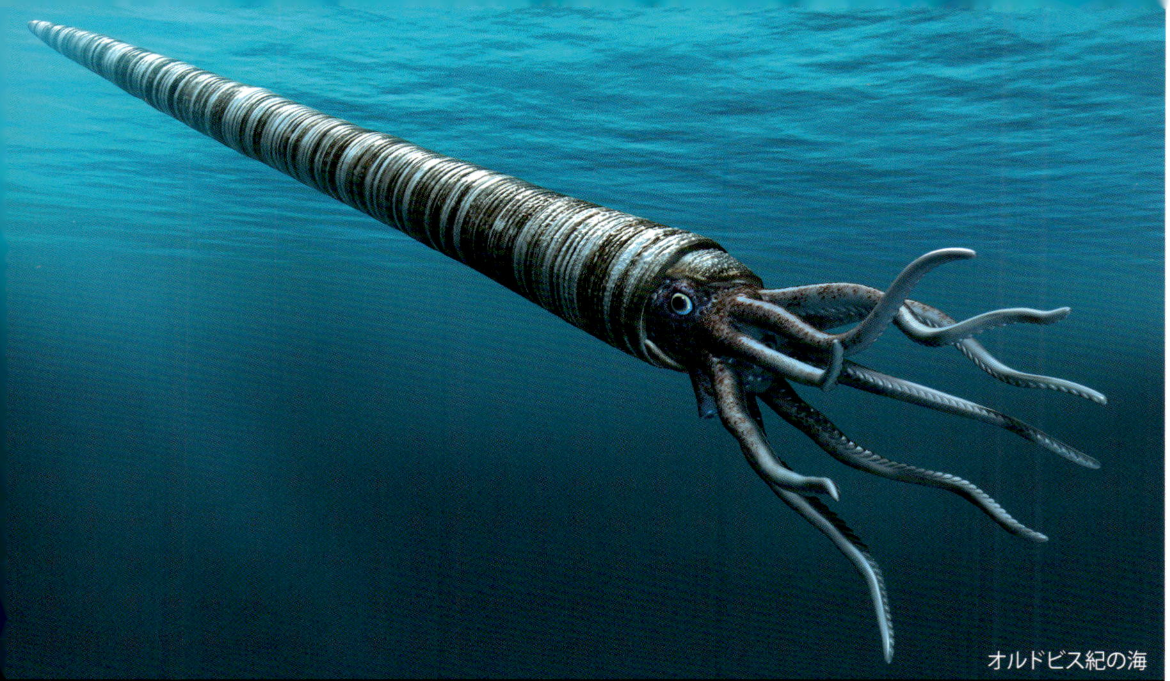

オルドビス紀の海

分類	軟体動物 頭足類 オウムガイ類
産出地	アメリカ
全長	11m

オルドビス紀　約4億8500万年前〜約4億4400万年前

側面

正面

イギリスの首都、ロンドンを走る名物と言えば、赤い2階建てのバスだろう。そのバスの屋根には、妙な動物が縛り付けられることがある。バスとほぼ同じ長さのその動物は長い円錐形の殻をもち、タコともイカとも言えない軟体部があり、多数の腕を伸ばしている。

その動物は、カメロケラス・トレントネンセだ（*Cameroceras trentonense*）。特徴的な長い円錐形の大部分は空洞になっている。軟体部は殻口に近い一部分のみで、空洞部分は壁で仕切られて、いくつもの部屋に分かれている。本来、彼らは水棲動物である。その部屋に入れる液体の量を調整することで、自らの浮力をコントロールしていたと考えられている。ただし、カメロケラスは重すぎて、泳げなかったと言う指摘もある。

“史実”においては、カメロケラスはオルドビス紀に登場した。本書では11mの姿をこうして復元してみたものの、実はみつかっているその化石は極めて部分的で、全長値は不確かなものとなっている。「最大で6m」という指摘もあり、なんとも落ち着かない。もしも11mという値が正確であれば、古生代の海においては最大サイズの動物ということになる。一方で、6mという値であったとしても最大「級」サイズであることに変わりはないし、オルドビス紀という時代に限定すれば、他種よりもずばぬけて大きい。

あ、ご注意いただきたい、実際にロンドンに行っても、こんな珍妙な光景には出会うことはない（念のため）。

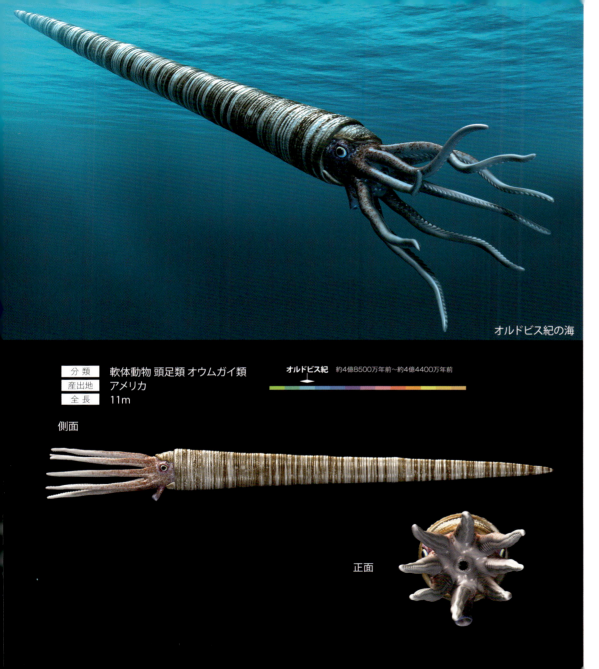

Enoploura popei

【エノプロウラ】

オルドビス紀の海

分類	棘皮動物 海果類
産出地	アメリカ
全長	7cm

オルドビス紀 約4億8500万年前～約4億4400万年前

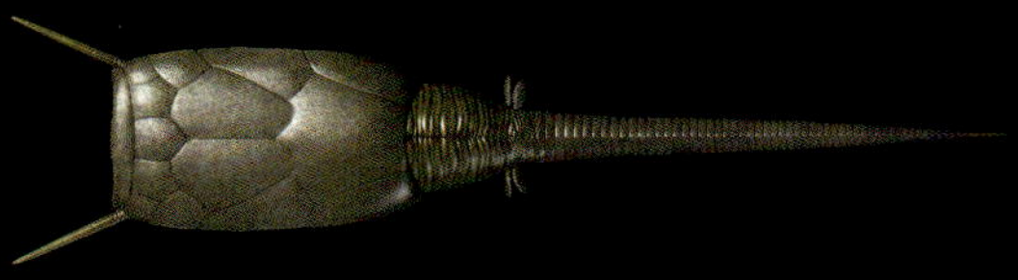

上面

側面

正面

美容室に行ったら、道具が綺麗に並べられていた。ベーシック、セニングといった各種ハサミとピンセット。そして……ん？　何やら見慣れぬ道具も鎮座している。光を反射する長方形部分からは、上方向に小さくて短い突起が二つ伸び、下方向にはやや太く長いトゲのようなものが伸びている。質感は全体的に硬そうだ。何これ？　いったいどのような場面で使うのだろうか？　美容師に訊ねたら、こともなげに答えが返ってきた。「あ、それは、カルポイドです。お気になさらないで」

さて、もちろん、気にしないと話が進まないので、この珍妙な物体についての情報を開示していこう。「カルポイド」とは、日本語で「海果類」と呼ばれる棘皮動物のグループだ。そう、どんなに違和感なく（？）ハサミなどと並んでいても、これは立派な動物。棘皮動物なので、ヒトデやウニの仲間である。この美容室にいるカルポイドには、エノプロウラ・ポペイ（*Enoploura popei*）という学名がある。長方形部分の一辺、二つの小さな突起に挟まれたあたりにはおそらく肛門があり、またその逆側の辺からのびるやや太く長いトゲのようなものは、腕のように曲がったとみられている。

エノプロウラが……というよりは、海果類そのものが、謎に包まれたグループである。その生態に関しては、ほとんどわかっていない。“史実”においては、海果類自体はカンブリア紀から石炭紀まで生きていたグループとして知られている。

Bothriocidaris eichwaldi

【ボスリオキダリス】

分類	棘皮動物 ウニ類
産出地	エストニア
全長	1cm

上面

底面

側面

美味しそうなケーキが運ばれてきた。そう、これこれ。ベリーの酸味がまた良い塩梅で、堪らないよね。そしておもむろにフォークを手に取り……の前に、よく見てみよう。そのまま食べたらエライことになるところだった。ブルーベリーの隣に、何やらトゲトゲの物体が乗っている。

このトゲトゲ物体の名前をボスリオキダリス・エイケワルディ（*Bothriocidaris eichwaldi*）という。歩くための突起と、トゲが同じ場所から出ているという、こう見えてもウニ類の仲間だ。エイケワルディ以外にも複数の種が報告されており、エストニアのほかにはアメリカからの報告もある。

現代のウニ（雲丹）と言えば、言わずと知れた高級食材だ。雲丹の寿司、雲丹の丼、焼き雲丹……。思い浮かべるだけでも、思わず唾を飲んでしまう、という人も多いだろう。

かようなイメージのあるウニだけれども、実は800種類あるとされるウニ類のなかで、食用になるのはバフンウニやムラサキウニなどに限られている。では、その原始的な存在であるボスリオキダリスはどうかと言えば、これはまったくの情報がない。もっとも、そのサイズを考えれば、ここはフォークを上手に使って、ケーキの上からどかしてしまうのがよいだろう。

Arandaspis prionotolepis

【アランダスピス】

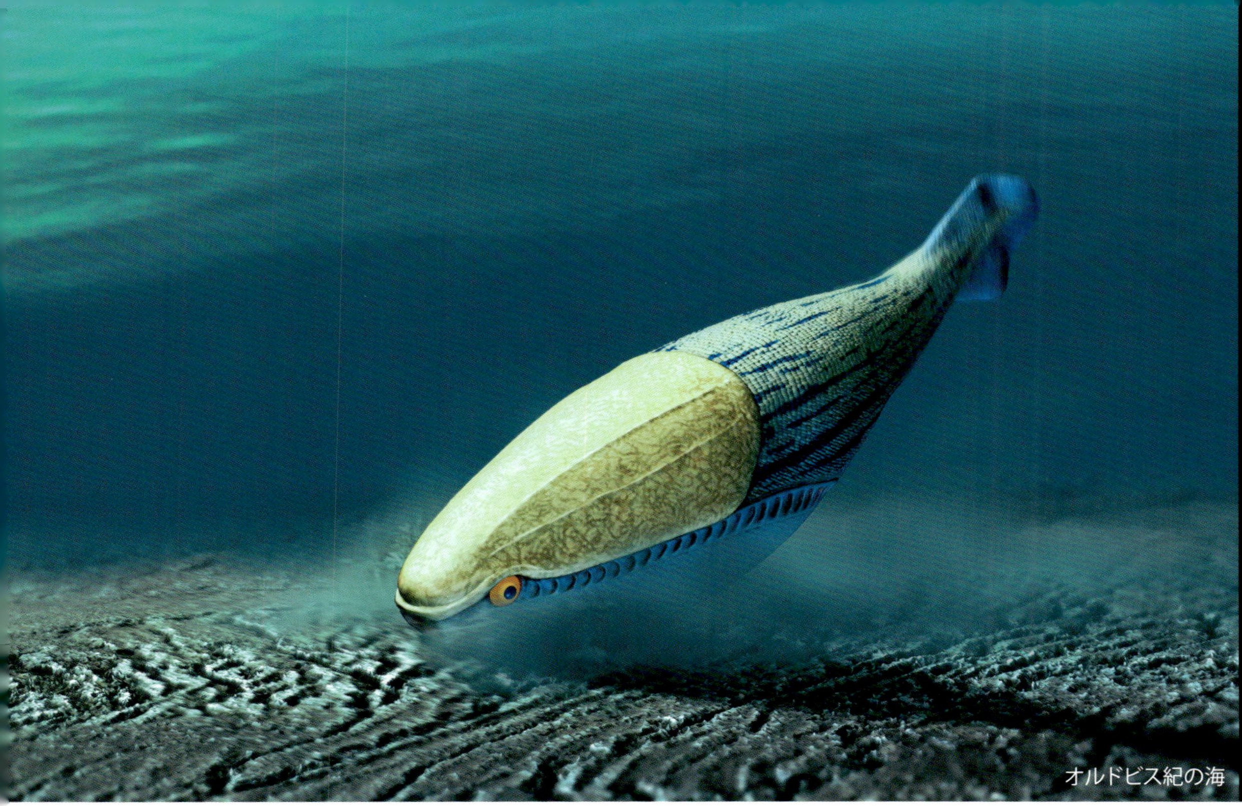

オルドビス紀の海

分類	脊椎動物 無顎類
産出地	オーストラリア
全長	15cm

オルドビス紀　約4億8500万年前～約4億4400万年前

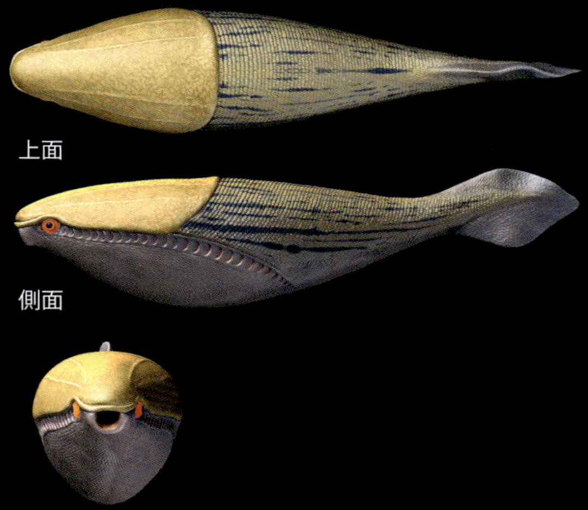

明太子とともに小さなサカナが並んでいる。美味しそうに見えなくはないけれども、これをそのまま食べることはおすすめできない。なにしろからだの前半部は骨の板で覆われており、後半部にも鱗がびっしりと並んでいるのだ。

このサカナの名前を、アランダスピス・プリオノトレピス（*Arandaspis prionotolepis*）という。“史実”においては、オルドビス紀にあらわれたサカナであり、史上初めて鱗をもったサカナの一つに数えられている。

そもそもサカナの歴史は、カンブリア紀にはすでに始まっていた。52ページのミロクンミンギアや、54ページのメタスプリッギナがそれだ。しかしカンブリア紀の彼らには、鱗がなかった。オルドビス紀になってサカナたちは鱗を獲得し、からだの防御性能を少し高めたのである。一方で、アランダスピスのひれは尾びれに1枚あるのみで、胸びれや背びれなどを欠く。泳ぐこと自体は得意とは言えなかった。

オルドビス紀の海洋世界においては、まだまだサカナは“弱者”である。泳ぎが得意でないということに加えて、からだも小さい。ミロクンミンギアやメタスプリッギナと比べると数倍の大きさになったとはいえ、明太子とさして変わらぬサイズである。

そして、あごももっていなかった。そのため、硬い獲物を噛み砕くということはできず、海中や海底の有機物を吸い込むことで命をつないでいた。私たちがよく知る“あごをもつサカナ”の登場は、シルル紀まで待つことになる。

Sacabambaspis janvieri

【サカバンバスピス】

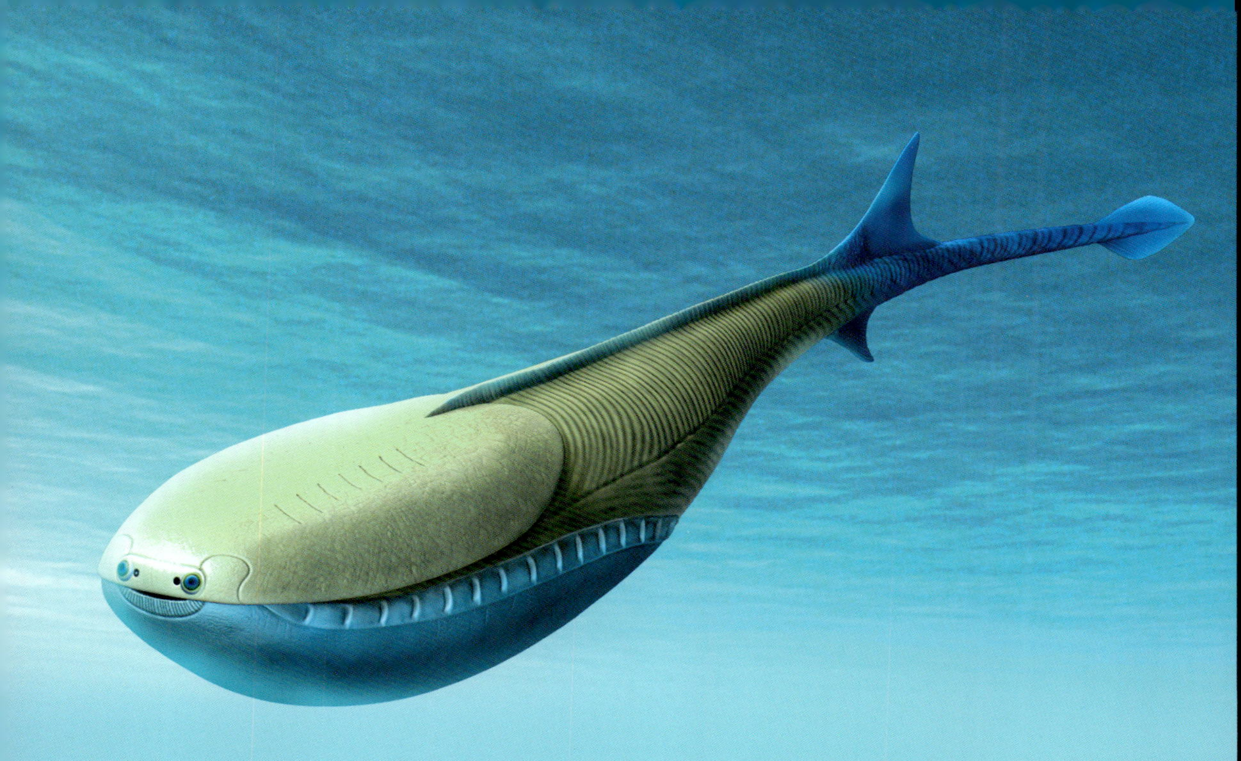

オルドビス紀の海

分類	脊椎動物 無顎類
産出地	ボリビア、オマーン、オーストラリア
全長	30cm

オルドビス紀　約4億8500万年前～約4億4400万年前

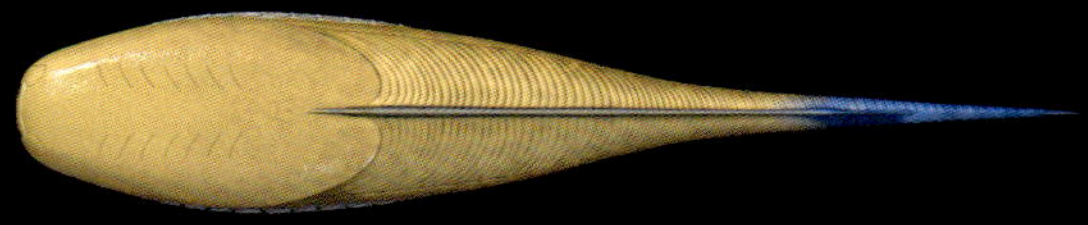

上面

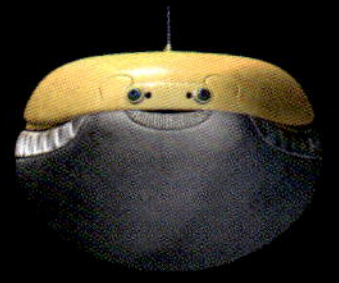

正面

側面

夕方の音楽室。その机の上に、楽器が並んでいる。ギロ……側面の刻みを棒でこすって、「ギー」「ジャッ」などの音を出す。マラカス……柄をもって振るうことで「シャッカシャカシャッカ」と音を出す。そして、ギロとマラカスの間に置かれているのは……おっと、なぜ、君はこんなところにいるのだろう。サカバンバスピス・ジェンヴィエリ（*Sacabambaspis janvieri*）だ。あごのないサカナである。もちろん、こすっても、振っても、音はしない……はずだ。

サカバンバスピスは、ボリビア、オマーン、オーストラリアなどから化石がみつかっている。“史実”においては、オルドビス紀中期に海だったこれらの地域に生息していた。現在では、サカバンバスピスの各化石産地は遠く離れているけれども、オルドビス紀中期においては、超大陸ゴンドワナの沿岸にあったという共通点がある。

サカバンバスピスは、“最初に鱗をもったサカナ”であるアランダスピス（84ページ参照）とくらべて、からだの大きさは1.5倍～2倍ほどになっている。からだのつくりはアランダスピスとよく似ており、前半部は骨の板で覆われ、後半部には鱗があった。一方、アランダスピスとのちがいとして、尾びれの形を挙げることができる。サカバンバスピスはアランダスピスと同じように、尾びれしかもたないが、唯一もつ尾びれの形状は、サカバンバスピスの方がぐっと複雑だった。それ故に、同じ無顎類であっても、サカバンバスピスとアランダスピスは別のグループのサカナとされている。

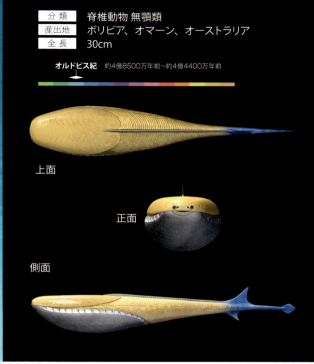

Promissum pulchrum
【プロミッスム】

分類	脊椎動物 無顎類 コノドント類
産出地	南アフリカ
全長	40cm

オルドビス紀　約4億8500万年前～約4億4400万年前

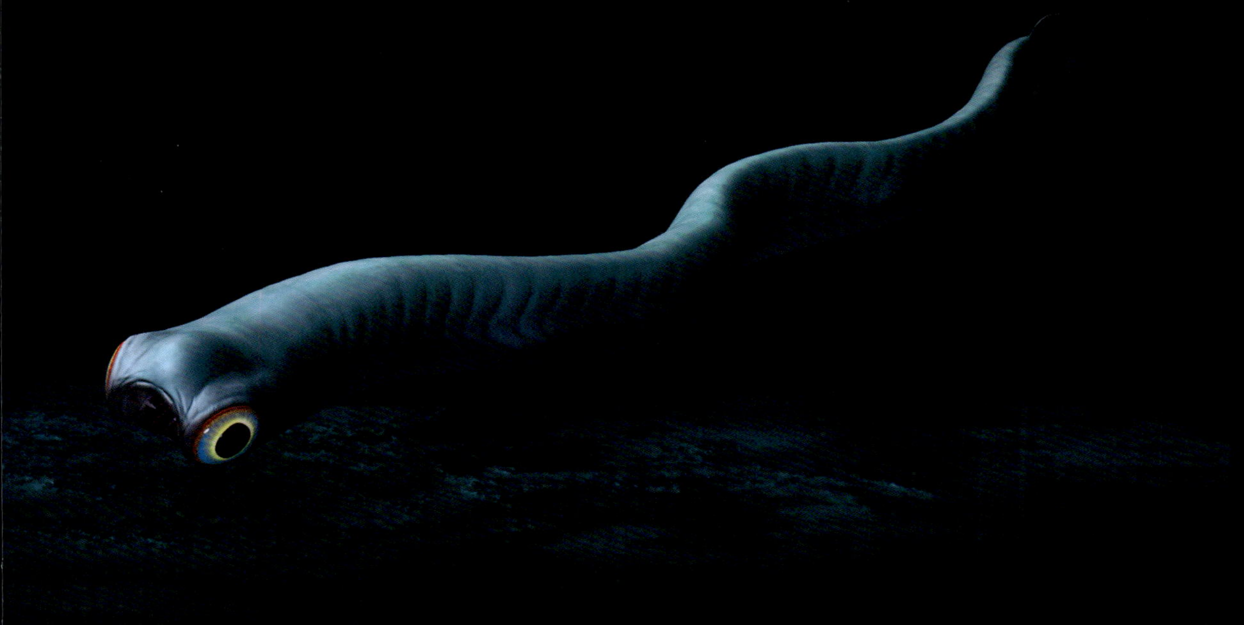

オルドビス紀の海

正面

側面

「たまには、ウナギでも食べるか」と思って、市場にいったら、うねうねと動く生きたウナギが並んでいた。これを買って、馴染みの食堂にもっていけば、開いて焼いてくれるかもしれない。土用の丑の日が近くなれば、なおのこと食欲をそそられる……と、よく見ると、似て非なるサカナがいる。

大きな眼が目立つこのサカナは、プロミッスム・プルクルム（*Promissum pulchrum*）という。ウナギは、条鰭類の中のウナギ類というグループに属するけれども、プロミッスムは無顎類の中のコノドント類に分類される。条鰭類と無顎類の大きなちがいの一つとして、条鰭類にあごがある一方で、無顎類は文字通りあごをもっていないことが挙げられる。

プロミッスムは、コノドント類の中では代表的な存在だ。40cmに達するその長いからだには筋繊維が発達しており、からだをくねらせるようにして水中を泳ぐことができたとみられている。

コノドント類というグループは、謎が多い。そもそも「コノドント」とは、ツノのような形や櫛のような形をした数mmの硬組織である。このコノドントという硬組織が、どのような生物の、どんなパーツで、何に役立っていたのか、ということはよくわかっていないのだ。プロミッスムは数少ない復元された例であり、コノドントは口腔の奥に並んでいたとされる。

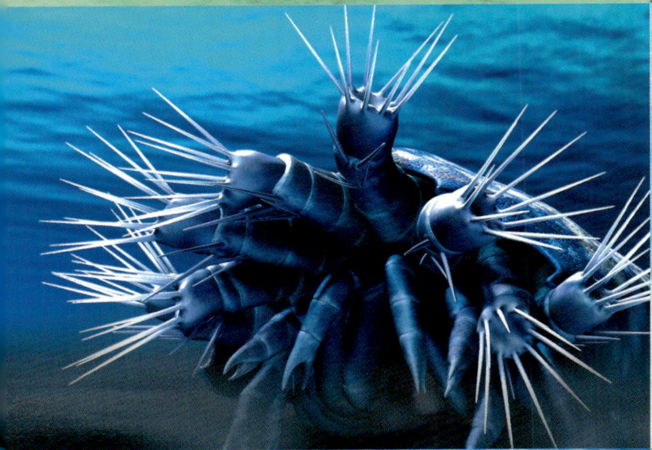

シルル紀 *Silurian* *period*

植物が陸上へと本格的に進出し、水中ではサイズと姿においてさらなる多様化が進む時代です。約4億4400万年前に始まり2500万年間つづいた古生代第3の時代、シルル紀。この時代を代表するのは、ウミサソリ類です。オルドビス紀に登場したこのグループは、シルル紀に入って姿もサイズも多様化を遂げます。まさに「我が世の春」を迎えていました。

また、この時代になって、初めて“本格的な陸上植物”が登場します。ただし、その植物のサイズは、ヒトの子供が指先で掴めるほどでした。

先の時代のネタバレをしてしまえば、シルル紀はサカナの仲間にとって、“弱者としての最後の時代”です。まずこの時代のサカナの仲間のサイズを感じていただき、ぜひ、のちの時代のサカナの仲間と比較してみてください。

Xylokorys chledophilia

【キシロコリス】

シルル紀の海

分類	節足動物 マレロモルフ類
産出地	イギリス
全長	3cm

シルル紀　約4億4400万年前~約4億1900万年前

上面

底面

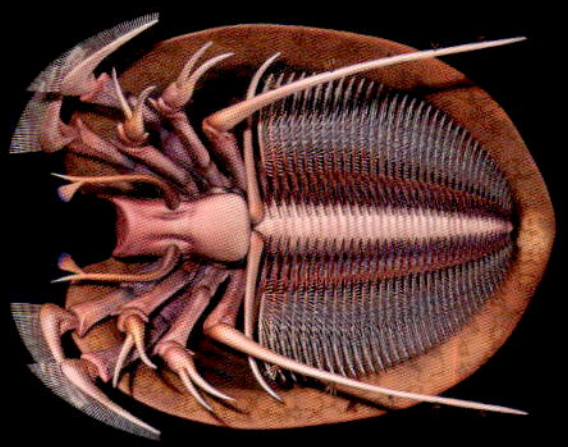

正面

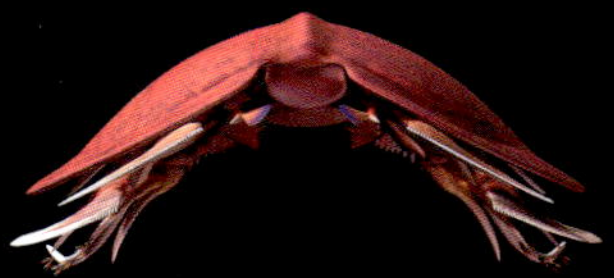

側面

王冠を集めていると、何やら小さな動物が寄ってきた。自分の殻を王冠にみたてたのか、ひっくりかえって遊んでいる。何これ、この動物、カワイイかもしれない……。この動物の名前をキシロコリス・クレドフィリア（*Xylokorys chledophilia*）という。「キシロコリス」という名前には、「探検帽」や「探検ヘルメット」という意味がある。もちろん、その殻を指した言葉だ。残念ながら（？）、「王冠」という意味ではない。

ひっくり返ったキシロコリスにご注目いただきたい。体の後半部に何やら細かな構造が並んでいることに気づかれるだろう。このつくり、これまでにもどこかでご覧になられているはずだ……。

そう。キシロコリスは、“史実”ではシルル紀のイギリスに生息していた節足動物だ。36ページで紹介したマレッラと同じ「マレロモルフ類」に属している。そして、おそらくマレッラと同じように、細々と海中の有機物を濾しとって食べる濾過食者だったとみられている。なお、マレロモルフ類の仲間は、こののちのページ（時代）でも登場するので、ご期待頂きたい。

さて、王冠……、もとい、探検帽のようなキシロコリスの殻は、もちろん防御のためであっただろう。それに加え、柔らかい泥の上をあるくときに、からだがその泥の中に沈み込まないようにする役割もあったとみられている。

Arctinurus boltoni

【アークティヌルス】

シルル紀の海

分類	節足動物 三葉虫類
産出地	アメリカ
全長	15cm

シルル紀　約4億4400万年前～約4億1900万年前

上面

側面

夏の暑い日には、平たいモノで扇ぎたくなる。そんな人も多いだろう。そのときの「平たいモノ」は、もちろん団扇が筆頭候補。なかには扇子を愛用している、という人もいるだろう。そんな“平たいモノ愛好家”のみなさん、たまには平たい三葉虫はどうだろうか？　三葉虫類の一つ、アークティヌルス・ボルトニ（*Arctinurus boltoni*）は、まさしく団扇のような幅広のからだのもち主だ。この三葉虫をつかまえて、団扇代わりに扇いでみれば、意外と涼しい風が送られる……かもしれない。もっとも、よく見る団扇よりは一回り以上小さいうえに、おそらく団扇よりは少々重いだろうけれど……。

“史実”において、アークティヌルスはシルル紀のアメリカを代表する三葉虫類である。全長10cm以下が“当たり前”という三葉虫類において、15cmというアークティヌルスは大型の部類に入る。加えて、アークティヌルスの場合、側葉部分が左右に広がって、独特の存在感を放っている。それなりの希少種であることもあいまって、アークティヌルスの化石は、三葉虫愛好家の中でしばしば「三葉虫の王様」と呼ばれる。

アークティヌルスが生息していた場所は、やわらかい泥が広がる海底だったとみられている。そんな海底であれば、幅広のからだはきっと役に立ったことだろう。まるで雪上のカンジキのように、泥の中にからだが沈むことを防いだのかもしれない。

Mixopterus kiaeri

【ミクソプテルス】

シルル紀の海

分 類	節足動物 鋏角類 ウミサソリ類
産出地	ノルウェー
全 長	70cm

シルル紀 約4億4400万年前〜約4億1900万年前

上面

側面

正面

ウミサソリ類がまた新たに１匹干されている。念のために確認しておくと、いちばん右のボードに括り付けられている種はオルドビス紀のメガログラプタス（74ページ参照）、中央やや左でロープに引っ掛けられている大型の種は同じくオルドビス紀のペンテコプテルス（72ページ参照）である。そして新たに、そのペンテコプテルスの左下のボードに柱越しにミクソプテルス・キアエリ（*Mixopterus kiaeri*）が干されることになった。

ミクソプテルスは、典型的なウミサソリ類である。さまざまな形状の付属肢をもち、とくに最も後ろの付属肢はその先端が少し広がって、オール状になっている。後腹部の先端には「尾剣」と呼ばれるつくりがある。尾剣はその名の通り、先端が剣のようにするどく、またやや弧を描いていることがミクソプテルスの特徴だ。この尾剣があるおかげで、ペンテコプテルスやメガログラプタスと比べると“サソリ感”が強い。もっとも、この尾剣は、現生のサソリ類がもつような「毒針」ではなかったようだ。ちなみに、ミクソプテルスはウミサソリ類の中では「どちらかと言えば、遊泳は苦手だった」と考えられている。

ビーチに干されている個体は最もよく知られるサイズのもので、その全長は70cm。ただし、大きなものでは1mに達する個体がいたかもしれない、という指摘もある。ひょっとしたら、メガログラプタス（全長1.2m）に近いサイズの個体もいたかもしれない。

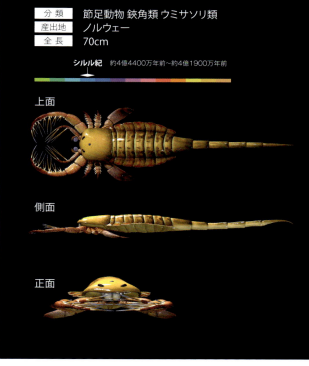

Eurypterid

【ウミサソリ類】

分 類	節足動物 鋏角類 ウミサソリ類
産出地	世界各地
全 長	本文参照

シルル紀　約4億4400万年前～約4億1900万年前

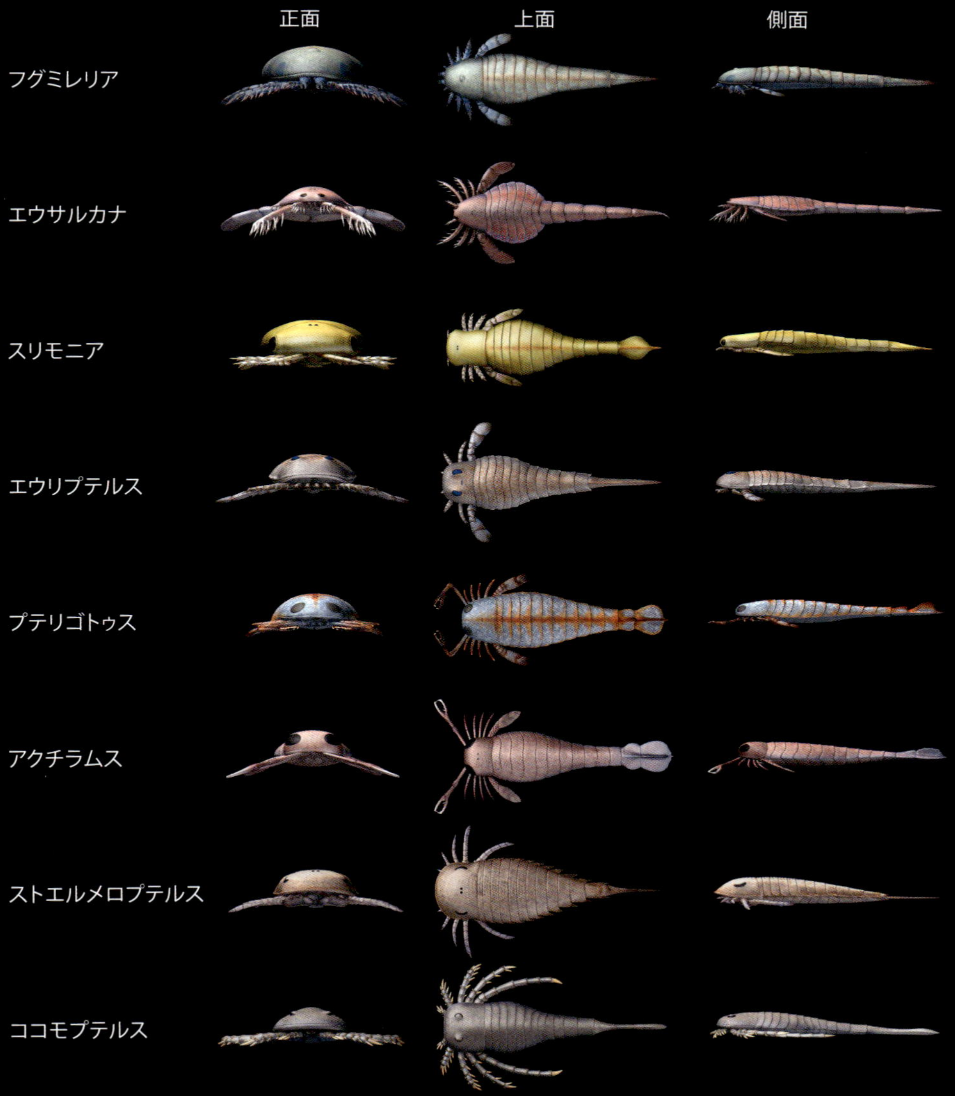

ちょっと眼を離したら、ずいぶんと干されているウミサソリ類が増えていた。

順番に紹介しよう。いちばん左のボードに干されているミクソプテルス・キアエリ（96ページ参照）の大きさが全長70cmほど。その上で柱にくくりつけられているのは、イギリスなどから化石がみつかるフグミレリア・ソシアリス（*Hughmilleria socialis*）で、その隣は72ページで紹介したペンテコプテルス・デコラヘンシス（*Pentecopterus decorahensis*）である。その右隣のボードには、アメリカ産のプテリゴトゥス・アングリカス（*Pterygotus anglicus*）、その隣には、イギリスで化石がみつかる食パン型の頭部をもつスリモニア・アクミナタ（*Slimonia acuminata*）と続く。スリモニアの上方に眼をやると、アメリカ産のエウリプテルス・レミペス（*Eurypterus remipes*）と、おにぎり型の頭部をもつエウサルカナ・スコーピオニス（*Eusarcana scorpionis*）がロープにくくられている。その隣の柱にあるのは、イギリス産のストエルメロプテルス・コニクス（*Stoermeropterus conicus*）だ。そして、全長2mのアメリカ産アクチラムス・マクロフサルムス（*Acutiramus macrophthalmus*）である。その右下のボードに、74ページで紹介したメガログラプタス・オハイオエンシス（*Megalograptus ohioensis*）。その上では、ココモプテルス・ロンギカウダトゥス（*Kokomopterus longicaudatus*）が柱にくくりつけられている。ふぅー。全部、特定できました？

主なウミサソリ類

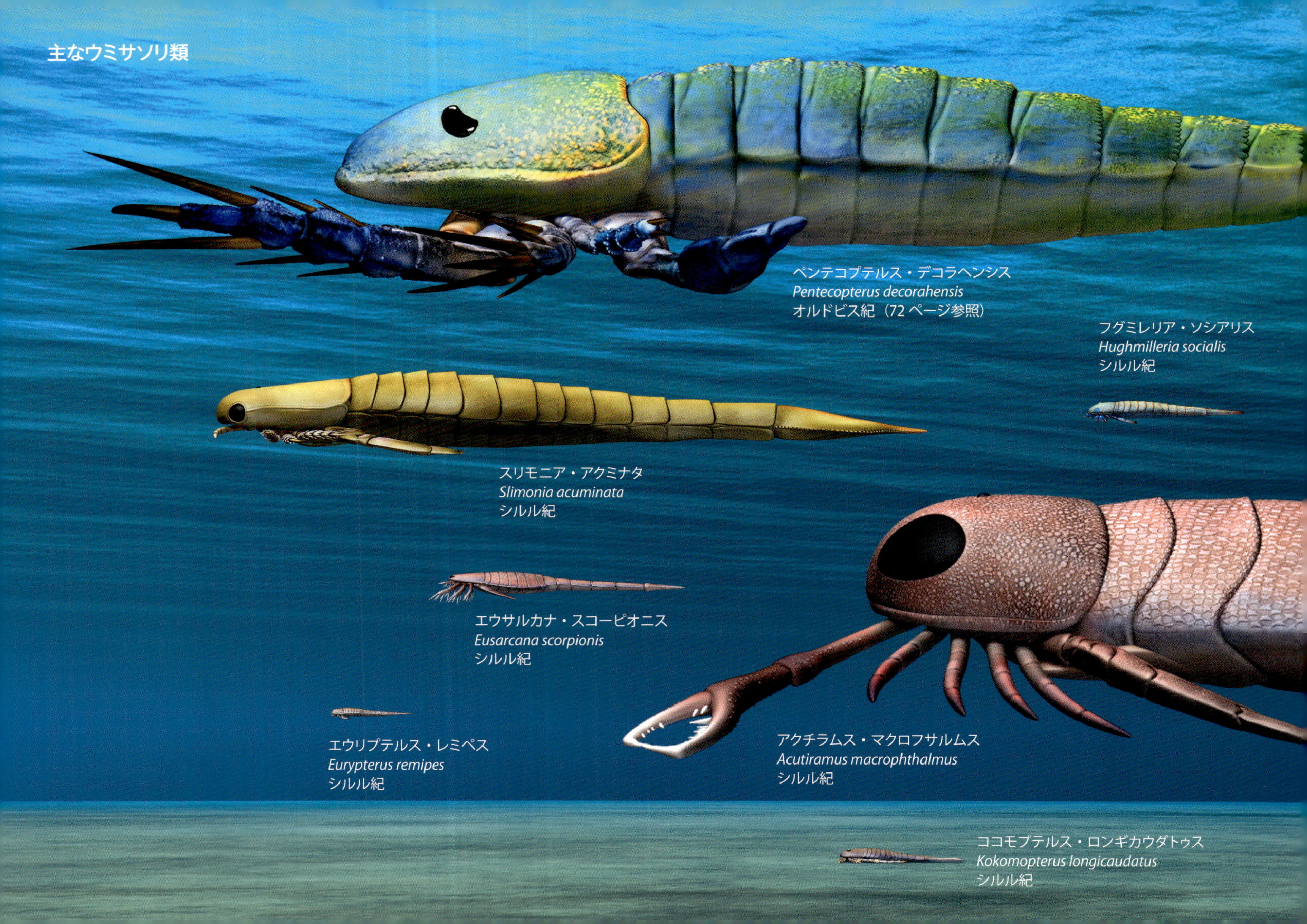
ペンテコプテルス・デコラヘンシス
Pentecopterus decorahensis
オルドビス紀（72 ページ参照）
フグミレリア・ソシアリス
Hughmilleria socialis
シルル紀
スリモニア・アクミナタ
Slimonia acuminata
シルル紀
エウサルカナ・スコーピオニス
Eusarcana scorpionis
シルル紀
エウリプテルス・レミペス
Eurypterus remipes
シルル紀
アクチラムス・マクロフサルムス
Acutiramus macrophthalmus
シルル紀
ココモプテルス・ロンギカウダトゥス
Kokomopterus longicaudatus
シルル紀

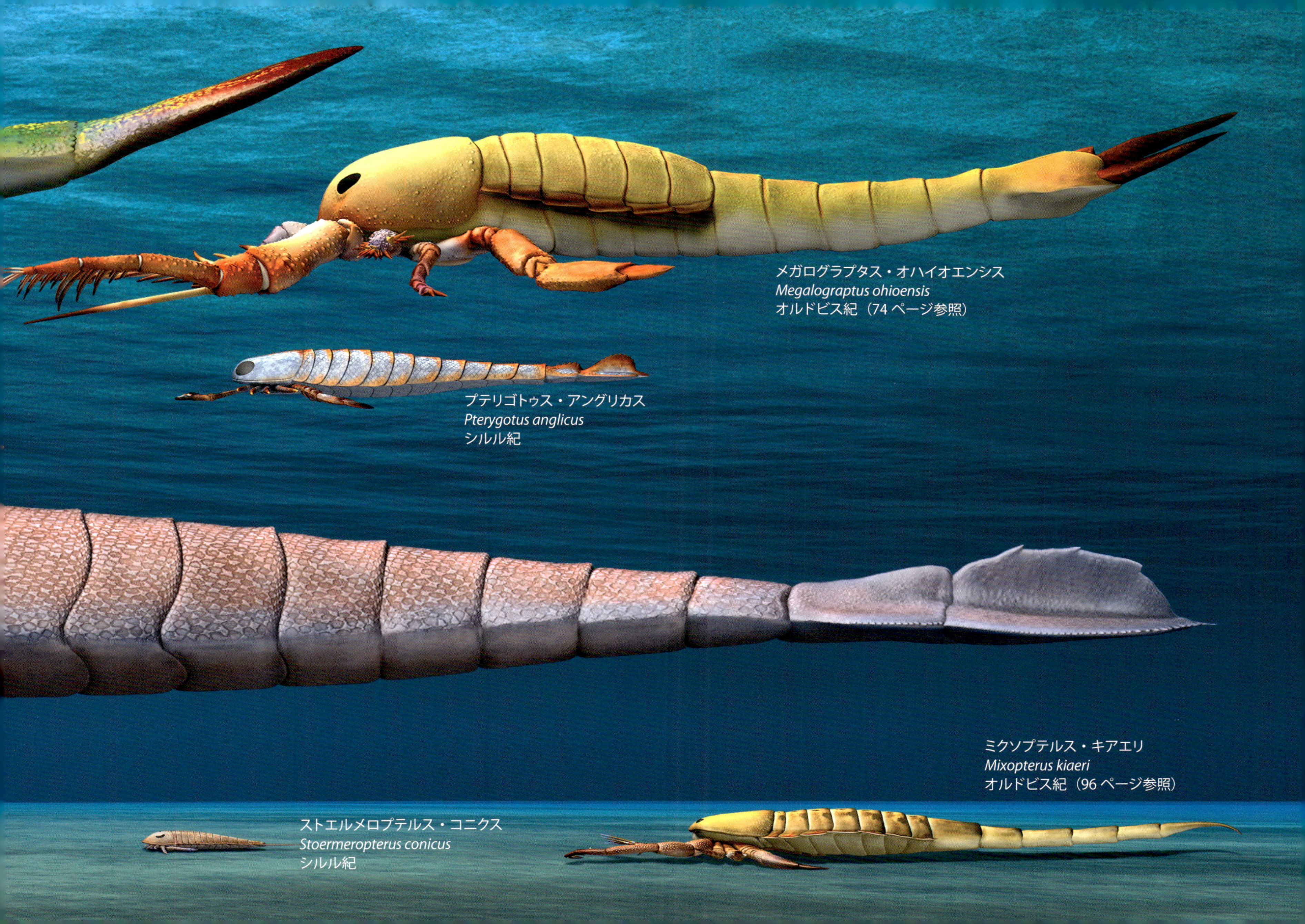
メガログラプタス・オハイオエンシス
Megalograptus ohioensis
オルドビス紀（74 ページ参照）
プテリゴトゥス・アングリカス
Pterygotus anglicus
シルル紀
ミクソプテルス・キアエリ
Mixopterus kiaeri
オルドビス紀（96 ページ参照）
ストエルメロプテルス・コニクス
Stoermeropterus conicus
シルル紀

Brontoscorpio anglicus

【ブロントスコルピオ】

シルル紀の海

分 類	節足動物 鋏角類 サソリ類 エラサソリ類
産出地	イギリス
全 長	94cm

上面

正面

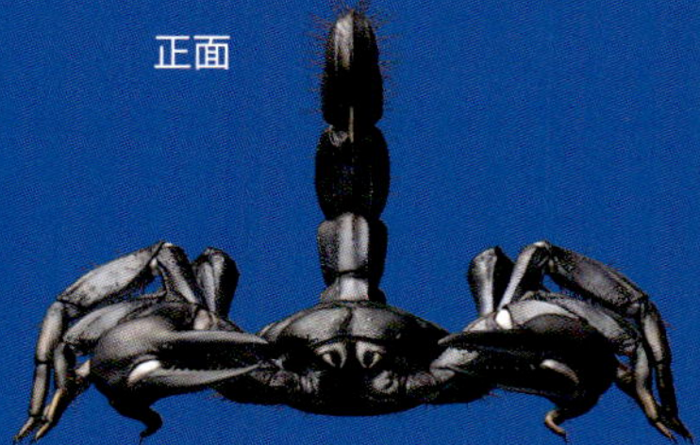

側面

暖かい陽射しを受けて、少年少女が瞑想にふけっている。……と、一人の少年の隣に、まるで寄り添うようにサソリがやってきた。……え？　サソリ？　……それにしては、ずいぶんと巨大だ……。

それもそのはず、このサソリこそは「生命史上最大のサソリ」との誉れ高いブロントスコルピオ・アングリクス（*Brontoscorpio anglicus*）なのだ。その全長たるや、実に94cmにおよんだとされる。幼児並みの大きさだ。ちょっと恐怖感さえ感じてしまうかもしれないが、実は自重が重すぎて地上を歩き回ることには向いていなかったとみられている。

ブロントスコルピオの推測全長は、現生サソリ類の最大種の4倍以上にもなる。これほどの巨大化が可能だった理由として、実は水中種だったからということが大きいとみられている。つまり、浮力に助けられていたというわけだ。

“史実”においては、ブロントスコルピオはシルル紀の海にいたサソリ類である。サソリ類の歴史は、シルル紀に始まり、ブロントスコルピオを含む最初期のサソリ類は水中で暮らしていたとみられている。また、こうして現生のサソリ類とそっくりの姿で復元されているけれども、実はブロントスコルピオの化石は、ハサミの一部しかみつかっていない。そのハサミの一部から推測される姿と全長が、このようなものというわけである。現生のサソリ類のように、尾の先端に毒針があったかどうかは不明である。

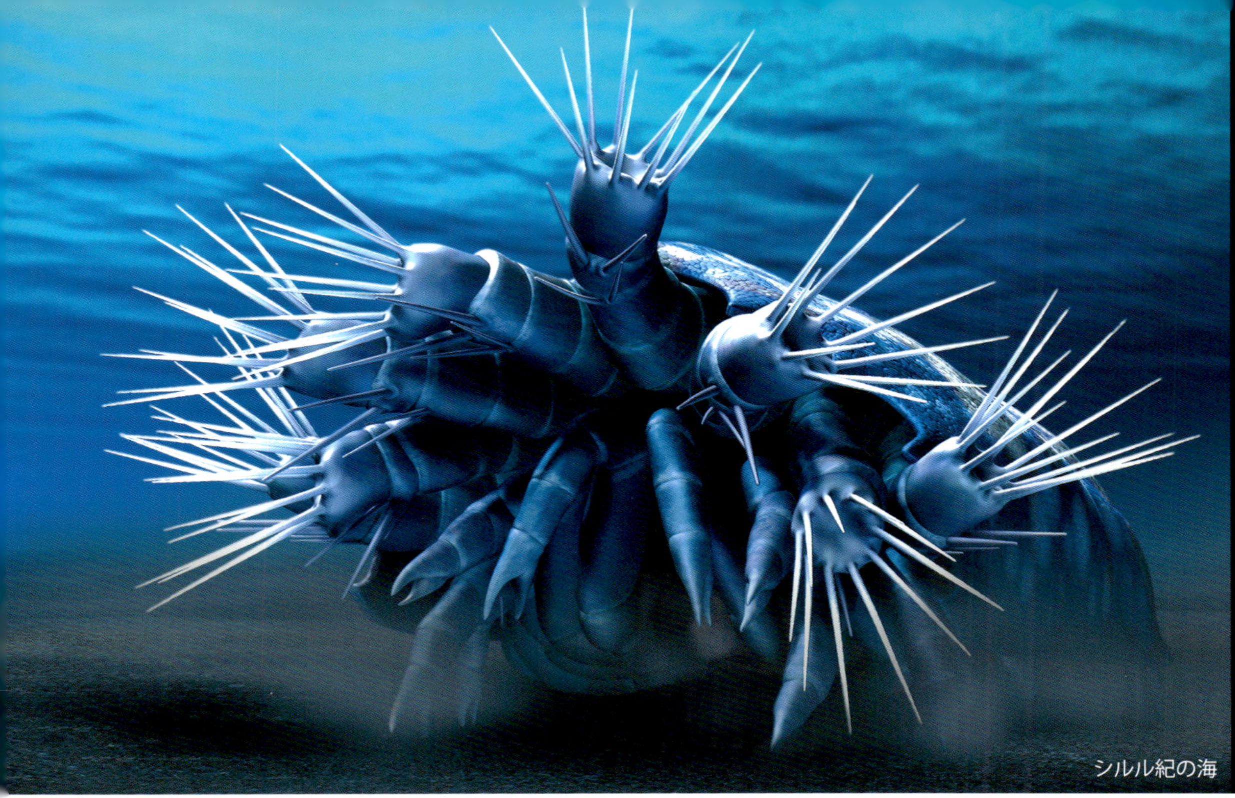

シルル紀の海

分類	節足動物 鋏角類
産出地	イギリス
全長	5mm

シルル紀　約4億4400万年前～約4億1900万年前

大豆の入った箱を覗き込むと、一つの芽が出ていた。ふむ、どうしたものだろう。そう思っていたら、何やら小さな“虫”がやってきた。

なんだろう？　芽が珍しいのか。それとも、芽を食べるつもりなのだろうか。ときに豆の上から足を滑らせ、ときに豆と豆の間に落ちながらも、その虫は芽の近くにまでやってきた。

いや、虫（昆虫）じゃない！

半円形の殻の後半部には節があり、尾部から細長い棘が伸びている。殻の前方からは、棘のついた足がのぞき、何やらうぞうぞと動いていた。なんとなく既視感……どこかで見たような……。ああ、『風の谷のナウシカ』の王蟲になんとなく似ているのだ！（この解釈には個人差があります）。

この動物の名前をオファコルス・キンギ（*Offacolus kingi*）という。サソリやクモなどと同じ鋏角類に分類される水棲動物だ。付属肢が特徴で、左右にそれぞれ7対の脚をもち、第2～第5肢は根元で上下に別れ、下は歩行用、上は先端に「剛毛」があった（これが棘のように見える）。この先端に剛毛をもつという特徴は、オファコルス独特のものとみられている。ただし、何の役にたっていたのかは、わかっていない。

オファコルスの化石は、イギリスのシルル紀の地層から発見されている。92ページのキシロコリスと同じ地域の産である。ヘレフォードシャーと呼ばれるその地域からは、こうした小さな生き物たちの微細構造がきっちりと保存された化石がみつかる。

Caryocrinites ornatus

【カリオクリニテス】

分 類	棘皮動物 “ ウミリンゴ類 ”
産出地	アメリカ
萼部分の直径	3cm 前後

シルル紀 約4億4400万年前～約4億1900万年前

「私たちの果樹園では、採れたてのリンゴをお送りしています。心をこめて、幸せ感たっぷりのリンゴを用意しました。リンゴを丸ごとしぼった100%ストレートジュースもご好評いただいております」

そんな告知が似合いそうな1枚の写真。その中央に何やら見慣れぬものが立っている。

「ご希望の方には、ウミリンゴも用意しました。こちらはとても硬いので食用には向きませんが、ぜひ、観賞用としてご利用ください」

どうやらその見慣れぬものは、ウミリンゴというらしい。

ウミ……リンゴ？　首を傾げられた方も多いだろう。実は「リンゴ」とはいっても、この見慣れぬものは果実ではない。それどころか植物でもない。実は「ウミリンゴ類」という棘皮動物だ。つまり、ウニやヒトデの仲間である。

ウミリンゴ類は、その名が示すように海で暮らしていた。ここに用意したのは、アメリカから化石がみつかっているカリオクリニテス・オーナトゥス（*Caryocrinites ornatus*）という種。カリオクニテスの仲間は、他にもカナダやヨーロッパから化石がみつかっている。細い茎と、リンゴのように丸い萼、そして多数の腕をもつ。

史実においては、ウミリンゴ類は古生代オルドビス紀に登場し、デボン紀まで生存が確認されている。ただし、現在では「ウミリンゴ類」としてひとまとめにしてあつかうことは少なくなっている。

Climatius reticulatus
【クリマティウス】

シルル紀の海

分類	脊椎動物 棘魚類
産出地	エストニア、イギリス、ボリビアほか
全長	10cm

シルル紀〜デボン紀　約4億4400万年前〜約3億5900万年前

側面

正面

「お待たせしました。焼き鮭・棘魚定食になります。棘にお気をつけて、お食べになってくださいねー」と美味しそうな朝食が運ばれてきた。

鮭の切り身と一緒にこんがり焼き上がっている棘魚類のクリマティウス・レティキュラタス（*Climatius reticulatus*）は、食べる際にはちょっと注意が必要なサカナである。何しろ、ひれに棘がある。いや、一部のひれは棘そのものだ。うっかり口の中にいれてしまうと、朝から口内出血という惨事になりかねない。

“史実”において、クリマティウスはシルル紀からデボン紀にかけて生息していたサカナである。棘魚類という絶滅グループに属し、その中でも原始的な存在に位置づけられている。「棘魚類」は、その名の通り「棘」をもつサカナたちだ。どこに棘があるのかと言えば、ひれにあった。棘魚類のとげは尾びれをのぞく各ひれの前縁にあることを特徴とするが、クリマティウスのような原始的な種類ではその棘の幅が広く、ひれそのものになっている場合もある。

クリマティウスは脊椎動物の歴史の中では、最初期の「あごをもつサカナ」だ。それまで、あごがないために今ひとつ“攻撃手段”に欠けていたサカナが、あごをもつことで同種を含むさまざまなものを襲う事ができるようになった。クリマティウス以降、こうしたあごをもつサカナは、棘魚類に限らず、増えていく。

もっとも、そのサイズは鮭の切り身程度である。サカナが大きなからだをもち、他を圧倒するようになるには、もう少し時間が必要だった。

Andreolepis hedei

【アンドレオレピス】

シルル紀の海

分類	脊椎動物 条鰭類
産出地	スウェーデン、エストニア、ロシア
全長	20cm

シルル紀　約4億4400万年前~約4億1900万年前

上面

側面

正面

「秋の味覚」と聞いて、何を思い浮かべるだろうか？　柿？　梨？　栗？　いやいや、ここは秋刀魚でしょう。ビール片手に焼秋刀魚にかぶりつく。その楽しみといったら……って、あれ？

何か変ではありませんか？　これから焼こうとしている一本と、現在進行形で焼かれている一本に何やら違和感が……と気づかれただろうか？　秋刀魚の中にアンドレオレピス・ヘデイ（*Andreolepis hedei*）が混ざっているのだ。

アンドレオレピスは、秋刀魚と同じ条鰭類のサカナである。「条鰭類」というグループは、現在の地球で最も多様性の高いサカナで、その数は約2万7000種におよぶ。鮪《まぐろ》も鮭《さけ》も鰤《ぶり》も、日本の食卓に並ぶサカナの多くは、この条鰭類に属している。アンドレオレピスは、そんな大規模なグループの一員である。

ただし、“単なる一員”ではない。“史実”において、アンドレオレピスは最も古い条鰭類の一つに数えられているのである。その登場はシルル紀にまで遡る。のちに大繁栄することになる条鰭類だが、アンドレオレピスが生きていた当時は、圧倒的な少数派だった。彼らが多数派を占めるようになるには、まだかなりの年月を必要とする。

一方でアンドレオレピスは、108ページで紹介したクリマティウスと並ぶ「あごのある初期のサカナ」でもある。シルル紀において、あごという武器を手に入れたサカナたちは、ほどなく大型化という選択肢もとり始めることになる。

Cooksonia pertoni

【クークソニア】

シルル紀の水辺

分類	リニア状植物
産出地	イギリス、ボリビア、ウクライナほか
全長	7cm

シルル紀　約4億4400万年前～約4億1900万年前

洋の東西を問わず、実に春らしい光景だ。少年と少女が向かい合ってタンポポの綿毛を飛ばしあって……と、ちょっと待って！　少女の手にあるのは、どうにも見慣れない植物である。もちろん綿毛はない。だから、少女がいくら頑張っても、綿毛は飛ばない……。

少女が手にもっているのは、タンポポにあらず。クークソニア・ペルトニ（*Cooksonia pertoni*）だ。クークソニアは「クックソニア」とも呼ばれる。タンポポは被子植物に属するけれども、クークソニアは「リニア状植物」というなんとも聞き慣れぬグループに属している。

リニア状植物は、絶滅植物群であり、初期の陸上植物グループでもある。クークソニアはリニア状植物の代表的な存在で、“史実”においては、古生代シルル紀の地層からその化石が確認されている。陸上植物の歴史は、オルドビス紀から始まるとみられているけれども、“本格的な緑化”は、このクークソニアの登場をもって開始したとされる。

もっとも、タンポポなどの被子植物とちがって、“本来のクークソニア”は乾燥に弱く、水域を離れることはできない。また、自立するためのつくりも弱いため、一定以上には大きくはならなかったとみられている。クークソニアのつくりはシンプルで、根や葉をもたず、もちろん花もないのだ。枝分かれした軸の先端に胞子嚢がつくのみである。右ページで少女が手にもつサイズは比較的大きなもの。多くは数cmほどしかなかったとされている。

デボン紀 *Devonian period*

サカナの時代の到来です。約4億1900万年前から約3億5900万年前までの6000万年間をデボン紀といいます。古生代第4の時代です。この時代で最初に紹介するのは、カンブリア紀とオルドビス紀に紹介したアノマロカリス類の“末裔”。もしも、彼らのサイズをお忘れであれば、ぜひ、ここで32ページ～35ページをご確認ください。そのあとに、このページをめくっていただくと、かつての覇者がどのように変化したのかを（サイズ的な面で）ご実感いただけるでしょう。デボン紀の主役といえば「サカナ」です。この時代にいたって、ついにサカナが生態系の覇者となりました。そして、その“勢いのまま”、脊椎動物は上陸を果たします。覇者となったサカナたちのサイズ、初期の四足動物のサイズ、ぜひ、ご堪能ください。

Schinderhannes bartelsi

【シンダーハンネス】

デボン紀の海

分類	節足動物 アノマロカリス類
産出地	ドイツ
全長	10cm

底面

側面

「お!?　お客さん。気づいたね。そうさ、今日はタラバ、毛ガニの他に、シンダーハンネスが入っているよ。え!?　なにこれ？……だって？　いやあ、お客さん、何を言ってるの。知ってるんでしょ。あのアノマロカリスの仲間だよ。茹でたてだよ。うん、味は保証付きさ」というようなやりとりがありそうな……。

タラバガニの甲羅ほどの全長をもつシンダーハンネス・バルテルシ（*Schinderhannes bartelsi*）は、カンブリア紀に隆盛を誇ったアノマロカリス類の生き残りだ。そして、“史実”においては、デボン紀に登場した本種をもって、約1億年にわたるアノマロカリス類の歴史は途絶えることになる。すなわち、これまでに確認されている限り、シンダーハンネスは最後のアノマロカリス類でもあるのだ。

ほとんどの動物が全長10cm未満だったカンブリア紀の世界において、30ページで紹介したアノマロカリスは1mという圧倒的なサイズのもち主だった。次の時代であるオルドビス紀においても、その初頭で全長2mのアノマロカリス類、エーギロカシス（64ページ参照）が登場し、他種を圧倒する迫力をもっていた。

しかしデボン紀においては、そのサイズはささやかなものだった。シンダーハンネスの全長はたかだか10cmほどしかない。このサイズは、デボン紀の海洋世界においては小型であるし、カンブリア紀の世界においてもけっして大型ではない。かつての覇者は、もはや他の海洋動物の頂点に立つ存在ではなくなっていたのである。

Mimetaster hexagonalis
【ミメタスター】

分類	節足動物 マレロモルフ類
産出地	ドイツ
全長	5cm

デボン紀　約4億1900万年前～約3億5900万年前

たまにはゆっくりと茶を飲んでみたい。木の葉が舞い込むような場所で、ミメタスターとともに……。

ん？　ミメタスター？

茶碗の直径の半分ほどの大きさだろうか。長い1対の脚と、背中に何やら6本の棘をもつ妙な動物が、景色に紛れ込んでいる。これがミメタスター・ヘキサゴナリス（*Mimetaster hexagonalis*）だ。

妙な動物だ。……そう思って触るのであれば、十分にご注意いただきたい、6本の大きな棘にはそれぞれに小さな棘がある。迂闊に手を伸ばすと、怪我をしてしまうかもしれない。

実は、ミメタスターはこれまでにいくつか紹介してきた動物の仲間だ。お気づきだろうか？

6本の棘を除いた姿をイメージしていただければ、それがヒントとなるかもしれない。

それは、36ページで紹介したカンブリア紀のマレッラ、92ページで紹介したシルル紀のキシロコリスと同じマレロモルフ類である。

“史実”において、ミメタスターはデボン紀に生きていた。カンブリア紀以降、連綿と続いてきたマレロモルフ類の“最後の生き残り”の一つ、とみられている。

どのような幸運があったのか、そんな“末裔”が、こうして茶の席にやってきた。ここは触らずに、その姿を観察するのが良いだろう。ゆっくりとお茶を飲みながら……。

Vachonisia rogeri

【ヴァコニシア】

分類	節足動物 マレロモルフ類
産出地	ドイツ
全長	6cm

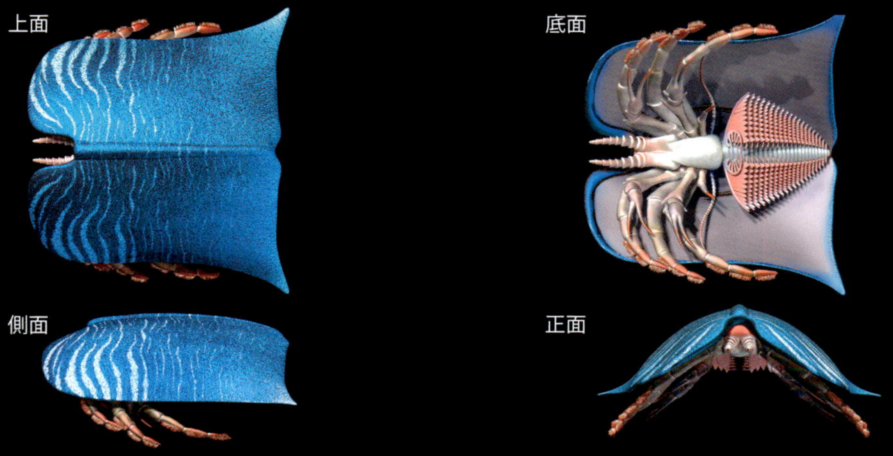

ん〜、美味しそうな茶碗蒸しだ。温かいうちに頂こうかな。あ、でも、乾杯がまだだから手をつけないほうが良いのか。じゃあ、蓋を戻して……っと、あぶないあぶない。何だ？　蓋だと思ったら……何だこれ？

紛らわしい位置に置かれているのは、ヴァコニシア・ロゲリ（*Vachonisia rogeri*）だ。“史実”においては、デボン紀のドイツに生息していた殻をもつマレロモルフ類である。118ページのミメタスターと同じ産地から化石が採れる。

古生代の生物を紹介している本書では、これまでにいくつかのマレロモルフ類を紹介してきた。このグループの仲間たちは、カンブリア紀に登場し、オルドビス紀、シルル紀、デボン紀とつながってきた。ヴァコニシアは、ミメタスターと同じく、マレロモルフ類の“最後の生き残り”の一つである。気が向いたときにでも、これまでのマレロモルフ類たちを見返してみてはいかがだろう？　何か新たな“発見”があるかもしれない。

「あれ？　この姿、どこかで見たことがあるなー」と思われた方は、ぜひ、92ページをご覧いただきたい。サイズこそ異なるものの、よく似たマレロモルフ類がそこにいるだろう。実際、ヴァコニシアは、92ページで紹介したキシロコリスに近縁とされている。近縁種におけるこのサイズ感のちがい。さて、あなたはどのような感想を抱かれただろうか？　ちなみに、118ページのミメタスターと36ページのマレッラも近縁であると指摘されている。

Walliserops trifurcatus

【ワリセロプス】

デボン紀の海

分 類	節足動物 三葉虫類
産出地	モロッコ
全 長	8cm

デボン紀 約4億1900万年前～約3億5900万年前

正面

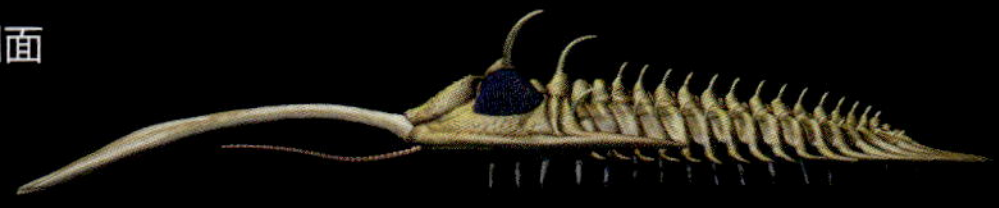

側面

本を読みながら生八ツ橋を食べようとして、“フォーク”に右手を伸ばしたら……「痛っ！」。手元をよく見ていなかった自分が悪かった。“フォーク”は、盆の左。右には、ワリセロプス・トリファーカトゥス（*Walliserops trifurcatus*）がやってきていた。どうやら、先端のツノの部分だけを見て“フォーク”と勘違いし、棘だらけのその背中を触ってしまったらしい。

ワリセロプス属は、三叉の矛のようなツノをもつことで知られる三葉虫である。複数の種が報告されており、種によってこのツノの長さが大きく異なる。その中で、ワリセロプス・トリファーカトゥスは最も長いツノをもち、それ故に「ロングフォーク」の愛称で、愛好家たちに親しまれている。そして、複眼の上、後頭部にやや大きめのトゲが上向きにあり、また胸部から尾部にかけて中葉と左右の側葉にも小さなトゲが上向きについている。その他にも頭部側面からは左右に長いトゲがのび、胸部・尾部の節の先端からも幅のあるトゲがのびている。

ワリセロプスのツノが、いったい何の役にたったのかは、実はよくわかっていない（八ツ橋用の“フォーク”ではなかったのは、明らかだろうけれど……）。一般的には、形状と位置からカブトムシやクワガタムシのツノを彷彿させるため、同種間での争いに使われていたのではないか、との指摘もある。しかし、それも推測の域を出ていないのが現状である。

あなたも“フォーク”と間違えて手に取らないようにご注意を。

Dicranurus monstrosus

【ディクラヌルス】

デボン紀の海

分類	節足動物 三葉虫類
産出地	モロッコ
全長	5cm

デボン紀 約4億1900万年前〜約3億5900万年前

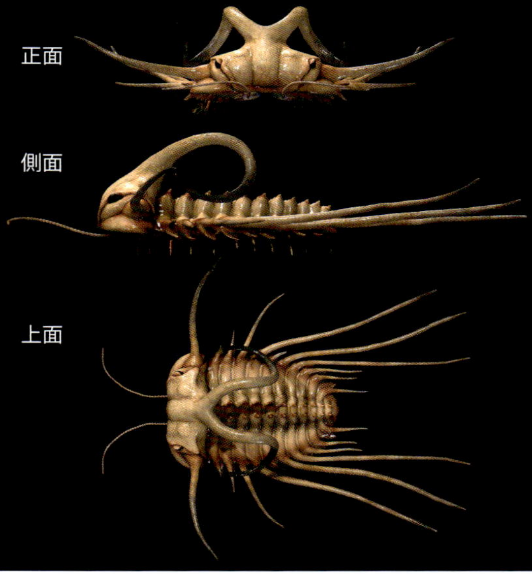

クワガタムシとディクラヌルス。異種バトルの軍配は、どうやらクワガタムシに上がりそうだ。クワガタムシがそのハサミでディクラヌルスの頭部にある“ホーン”を挟み込むと、力任せに放り投げた。ディクラヌルスは、クワガタムシよりも圧倒的に硬い殻をもってはいるものの、「投げる」という手をとられてしまっては、その防御力も役に立たなかったようだ。

“史実”において、ディクラヌルスはデボン紀の海に隆盛した“トゲトゲ三葉虫”の一種だ。5cmという全長は、この時代の三葉虫としては格段に大きくはなく、また小さいわけでもない。幅のやや広いからだの両側面からは、長くて太いトゲがのびる。そして最大の特徴は、後頭部から伸びる2本のホーン。太いトゲがくるっと丸まっているのである。このトゲやホーンは、捕食者に対する防御として役立ったのではないか、と言われている。

トゲにホーンと、なんとも突飛な姿をしているディクラヌルスだけれども、デボン紀当時はこの姿が一定の“需要”があったらしい。ここで紹介しているディクラヌルス・モンストロースス（*Dicranurus monstrosus*）の化石はモロッコの地層からみつかる。そして、とてもよく似た姿をした同属別種が、アメリカのデボン紀の地層からもみつかるのである。モロッコとアメリカは、現在でもその間に大洋が存在するが、デボン紀当時も同様だった。そんな世界でも、ディクラヌルスは一定の繁栄を勝ち得ていたようである。

Teratapsis grandis

【テラタスピス】

分類	脊椎動物 三葉虫類
産出地	アメリカ
全長	60cm

デボン紀 約4億1900万年前~約3億5900万年前

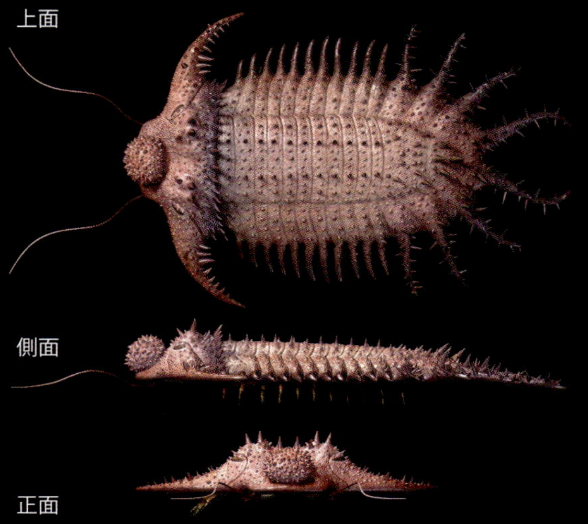

駐車場でイヌが休んでいると、どこからともなくノソノソと大型三葉虫がやってきた。見なれない存在にイヌも興味津々である。

マンホールの蓋の直径ほどの全長をもつこの三葉虫は、テラタスピス・グランディス（*Teratapsis grandis*）。60cmというその全長は、三葉虫類というグループの中で最大級である。テラタスピス以上の大きさをもつ三葉虫もいくつかいたが、それらはみな表面が滑らかで凹凸が少なく、トゲなどをもっていない。テラタスピスは、全身にトゲが発達している三葉虫としては、これまでに知られている限り最大だ。これほどまで全身をトゲで武装していれば、好奇心旺盛でさまざまなものに“突撃”するラブラドール・レトリバーと言えども、そうそう簡単には手は出せない。

しかもこの殻は、他の三葉虫類と同じく炭酸カルシウム製だ。つまりなかなかの硬さである。大きさといい、武装といい、硬さといい、さまざまな面でテラタスピスは高い防御能力をもっていたことだろう。

もっとも、これだけの大きさの炭酸カルシウム製の殻であれば、その重量もそれなりに重かったとみられる。その意味では、テラタスピスの機動性は低かったかもしれない。

“史実”においては、テラタスピスはサカナの仲間の隆盛が始まったデボン紀の三葉虫である。テラタスピスの防御性能は、サカナの仲間などの強者に対して力を発揮したことだろう。

Hallipterus excelsior

【ハリプテルス】

分類	節足動物 鋏角類 ウミサソリ類
産出地	アメリカ
全長	1m

デボン紀　約4億1900万年前～約3億5900万年前

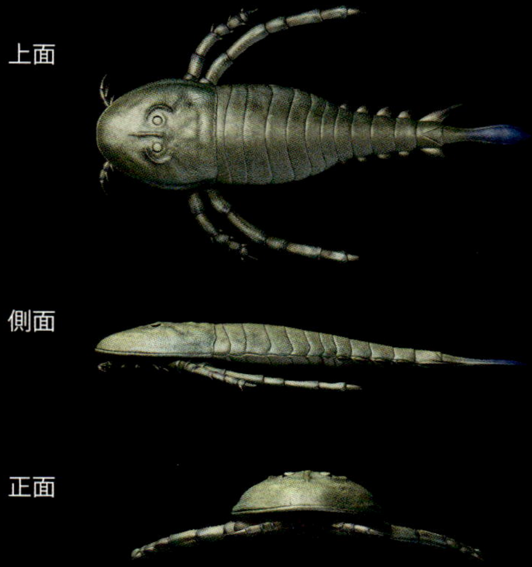

「さて、早朝から一滑り行くか！」

父と母、娘の三人がボードを持って雪山を登っている。そんな彼らを朝陽が迎える。良い天気だ。スノーボード日和と言えるかもしれない。

「お父さん、何、それ？」

娘の指摘に、父はようやく気づいた。自分がボードとともに何やら得体のしれないものを持ってきていることに……。

ボードにしっくりとはまっているその動物は、ハリプテルス・エクセルシオル（*Hallipterus excelsior*）という。ウミサソリ類の一種だ。ウミサソリ類は98ページの海岸でまとめたはずだけれども、どうやら1種、こぼれてしまったようだ。ひょっとしたら「ボード」つながりで、“冬の世界”にやってきたのかもしれない。

“史実”においては、ハリプテルスはデボン紀の海にいたウミサソリ類である。全長1m前後と大型種なれども、その登場は“ウミサソリ類の全盛期”からは遅れていた。すでに当時の海洋世界においては、あごをもつサカナの仲間の大型化が進んでおり、ウミサソリ類が生態系の強者となる余地は、急速に消えていった。

ハリプテルスは、98ページでまとめた他のウミサソリ類と比較すると、いくつかの違いがある。ミクソプテルスのように前方に長くのび、獲物の捕獲に適した付属肢をもたず、また、アクチラムスやプテリゴトゥスのように、遊泳に適した先端の幅が広い付属肢ももっていない。遊泳ができたかどうかも謎である。

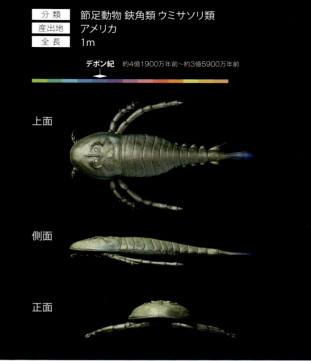

Weinbergina opitzi

【ウェインベルギナ】

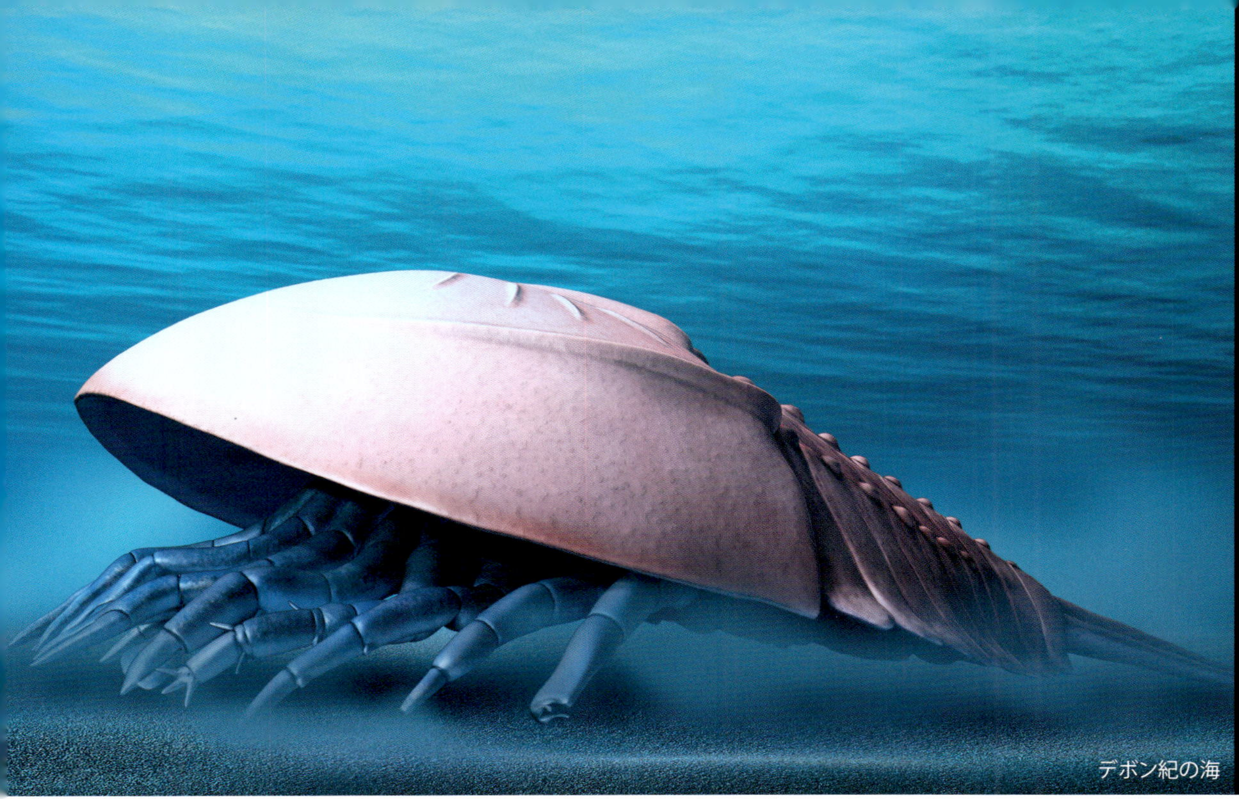
デボン紀の海

分類	節足動物 鋏角類 カブトガニ類 ハラフシカブトガニ類
産出地	ドイツ
全長	10cm

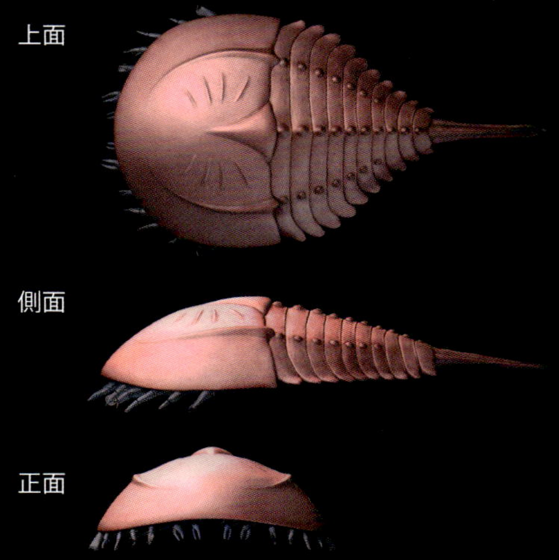

馬の蹄鉄は、幸運のお守りとしてあつかわれることがあるという。そのことを知ってか知らずか、カブトガニ類のウェインベルギナ・オピツィ（*Weinbergina opitzi*）が集まってきた。ひょっとしたら、その形の類似性から、仲間だと思ってやってきたのかもしれない。なにしろ、カブトガニ類は日本語でこそ「兜蟹」だが、英語では「*Horseshoe crab*」、つまり「蹄鉄蟹」なのだ。

もっとも、集まってきたウェインベルギナは、私たちのよく知るカブトガニとはちょっとちがう。「言われてみれば、瀬戸内海などで見るカブトガニよりは少し小さい」という指摘もあるだろう。たしかに、甲長30cmとされる瀬戸内海のカブトガニより、ウェインベルギナはずっと小さな種類だ。

しかし、決定的なちがいはそこではない。後体に節構造があるのだ。この特徴ゆえに、ウェインベルギナは、カブトガニ類の中でも「ハラフシカブトガニ類」に分類されている。76ページで紹介した“最古のカブトガニ類”のルナタスピスにあった“節のように見える構造”とはちがい、実際には階段状構造だ。一方、ウェインベルギナは、明らかな節構造なのだ。もっとも、節のある無しが、この動物たちにとってどれだけの生態の差をもたらしていたのかは定かではない。

ただし、ウェインベルギナに代表されるハラフシカブトガニ類は、今日では生き残っていない。

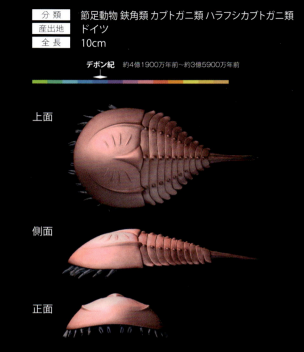

Helianthaster rhenanus

【ヘリアンサスター】

デボン紀の海

分類	棘皮動物
産出地	ドイツ
全長	50cm

上面

側面

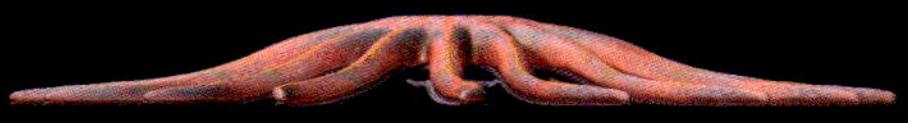

「さあ、いっくよー！」

最近、海辺でフライングディスクのかわりにヒトデを投げることが流行になっている。巷では、大きいヒトデを上手に投げることこそが、上級者の証として見られることが多くなっているという。

そういうことであれば、ヘリアンサスター・レナヌス（*Helianthaster rhenanus*）は最適かもしれない。なにしろ、その長径は50cmを超え、ヒトデ史上最大級である。うねうねと動く腕は、合計16本を数える。あなたの技量を周囲に見せつけるには、このヒトデほど適したものはないだろう。

さて、もちろん、ここで紹介した「ヒトデを投げる」なんてことは実際には流行っていない。そして、そんなことをしてはヒトデが可哀想なので、絶対に真似をしないでほしい。しかし、ヘリアンサスターは実在したヒトデなので、この機会にご記憶願いたい。

“史実”において、ヘリアンサスターはデボン紀のドイツに生息していたヒトデだ。同じ海域に生息していたものとしては、シンダーハンネス（116ページ参照）やミメタスター（118ページ参照）、ドレパナスピス（134ページ参照）などがいた。ヒトデの仲間も数多く化石が確認されており、ヘリアンサスターほどではないにしろ、長径20cmオーバーの種もいたことがわかっている。「投げて遊ぶ」は論外としても、ぜひ、その大きさをこの眼で見たいものだ。

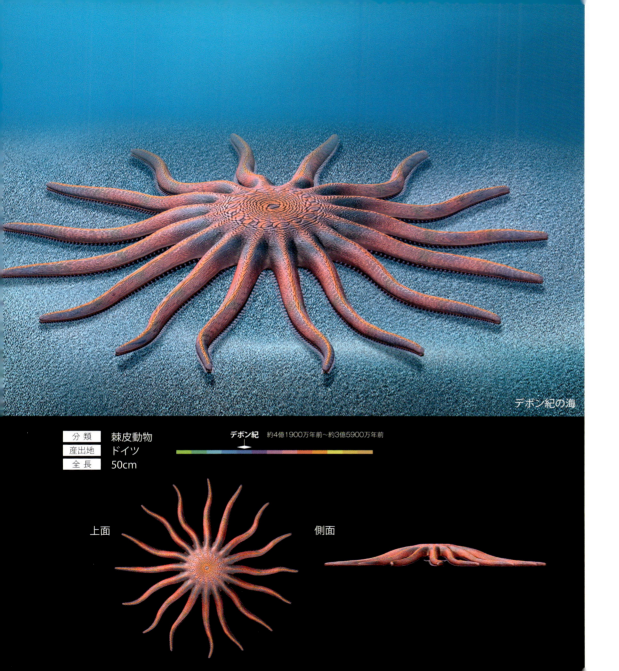

Drepanaspis gemuendenensis

【ドレパナスピス】

デボン紀の海

分類	脊椎動物 無顎類 翼甲類 異甲類
産出地	ドイツ
全長	70cm

デボン紀　約4億1900万年前～約3億5900万年前

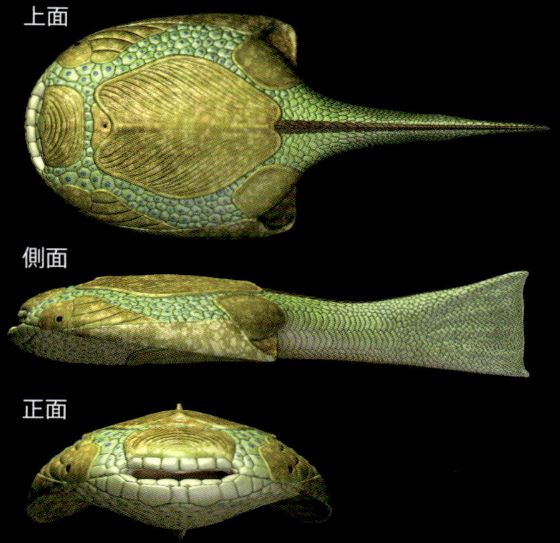

良いボールが来た。

ラケットをかまえ、自分の重心を調整。ボールの軌道と相手の位置を確認する。

長く続いた試合もこれで終わりだ。

そう思った彼女は……自分がラケットならざるものを持っていることに気づかなかった。

彼女が持っているのは、ドレパナスピス・ゲムエンデネンシス（*Drepanaspis gemuendenensis*）という。形はそこはかとなく似ているとも言えなくもないだろうけれど、ドレパナスピスはもちろんラケットではない。無顎類、つまり、あごのないサカナの仲間である。

ドレパナスピスは、頭胴部の幅が広いことを特徴とし、背と両側面には骨の板がある。その骨の板の周りは、小さな骨片によって埋められている。全体的に頭胴部は、現生の多くのサカナたちや、本書に登場するいくつかの絶滅したサカナたちと比べると、“硬い仕様”だ（……その硬い部分にボールをヒットさせることができれば、相手コートにボールを打ち返すこともできるかもしれない）。

ドレパナスピスの化石は、ドイツのデボン紀の地層から多産している。彼女が握っている個体は、そうした化石の中では大きな方で、発見されている化石の大半は、その半分ほどの大きさである。

さて、もちろん、ドレパナスピスは絶滅していて、間違ってもラケットのようにもつことはできない。しかし、仮に生きている個体を発見しても、化石であったとしても、スポーツの道具として使うのは激しくおすすめできない。

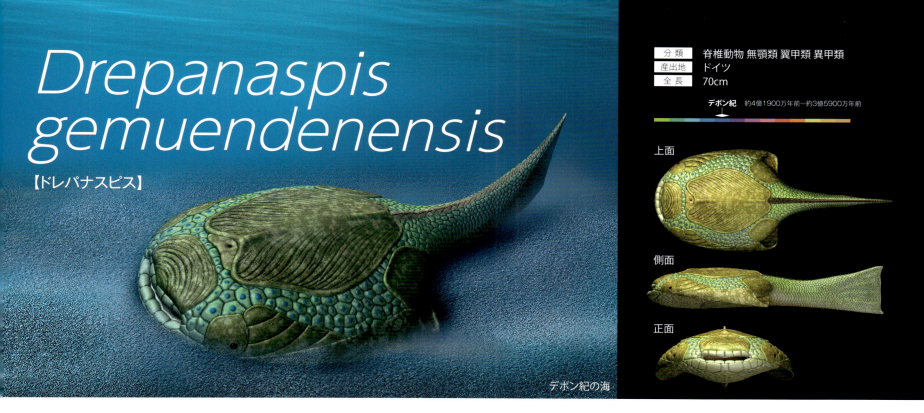

Cephalaspis pagei

【ケファラスピス】

分 類	脊椎動物 無顎類 頭甲類
産出地	イギリス、ウクライナほか
全 長	30cm

デボン紀　約4億1900万年前～約3億5900万年前

上面

側面

正面

スリッパを履こうとしたら、なんだか見慣れぬ動物が隣にいた。スリッパと似た姿をしている。そのことが、彼らに落ち着きをもたらしているのかもしれない。もっとも、ご覧の通り、この動物を「履く」ことはできないけれども……。

スリッパに似たこの動物は、ケファラスピス・パゲイ（*Cephalaspis pagei*）だろうか……。「だろうか」というのは、「ケファラスピス」とよく似た姿をもつものは多く、その近縁種まで含めると60属214種にもなり、その見分けは難しい。ケファラスピス・パゲイも別属ではないか、という指摘もあるくらいだ。まあ、ここでは「ケファラスピスの仲間だろう」というぐらいの認識でご勘弁いただきたい。

さて、ケファラスピスは無顎類、つまり“サカナの仲間”である。本来であれば、こうして部屋の中を動き回ることはできない。まさしくスリッパのように底面が平たく、また眼がほぼ真上を向いている特徴から、海底付近を泳いでいたとみられている。脳構造が研究されている数少ない絶滅無顎類の一つでもあり、平衡感覚が弱かったことも指摘されている。これも、3次元的な動きが必要とされる「海中」よりも、2次元的な動きで対応できる「海底」で暮らしていたことを示唆していると言えよう。

頭部の外縁や“額”にある、何やら質感のちがう場所では神経が発達しており、何らかの感覚器官があったとみられている。

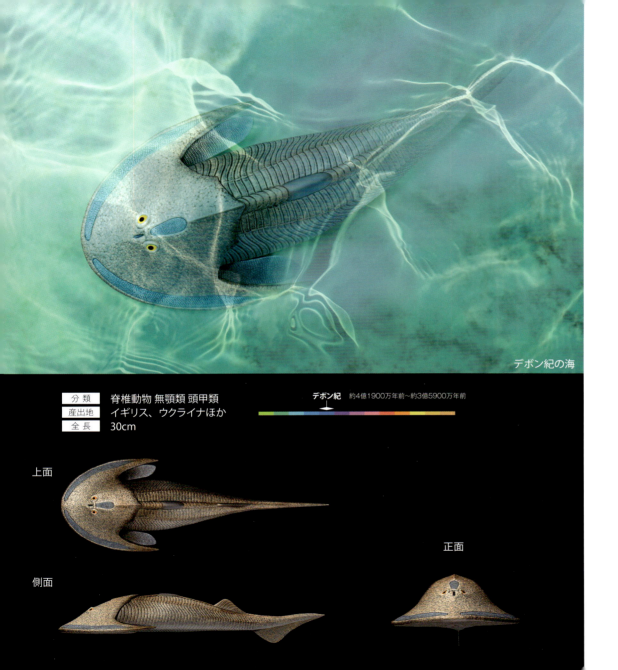

Bothriolepis canadensis

【ボスリオレピス】

デボン紀の海

分類	脊椎動物 板皮類 胴甲類
産出地	カナダ
全長	45cm

デボン紀　約4億1900万年前～約3億5900万年前

正面

側面

ヴァイオリンの隣に、何やら見慣れぬ動物が鎮座している。大きさはヴァイオリンよりも少し小さい程度。ざらざらとしたその硬質の表面は持ちやすそうだけれども、もちろん、この動物はヴァイオリンのような音色を奏でることはできない。この動物の名前をボスリオレピス・カナデンシス（*Bothriolepis canadensis*）という。今は絶滅したサカナのグループ、「板皮類」に属している。

ボスリオレピスは頭部と胴部を骨の鎧で覆っており、典型的な板皮類とされる。胸鰭とも腕とも言えそうな構造を胴甲の両側からのばしていることが特徴だ。この“胸鰭”も骨の鎧で覆われている。

“史実”において、ボスリオレピスはデボン紀前期に登場し、そして「最も成功した板皮類」と言われるほどに多様化・繁栄したサカナである。ボスリオレピス・カナデンシスの他にもさまざまなボスリオレピス属が報告されており、その種数は100を超えると言われている。種によって胴甲の構造やからだの大きさなどが異なり、なかには全長が1ｍを超えるものも存在した。

実際のボスリオレピスはサカナであり、水棲種である。ただし、肺呼吸をしていたのではないか、胸鰭を使って地上を歩行することができたのではないか、という指摘もある。また、近縁種には体内受精をしていたのでないか、と言われているものもあり、何かと話題には事欠かない。

Dunkleosteus terrelli

【ダンクレオステウス】

デボン紀の海

分類	脊椎動物 板皮類 節頸類
産出地	モロッコ、アメリカ
全長	6m or 8m or 10m ?

デボン紀 約4億1900万年前～約3億5900万年前

正面

側面

「本日は『ヨットでダンクレオステウスを見に行こうツアー』にご参加いただきましてありがとうございました。今、すぐそこに顔を出しているのが、“甲冑魚”ダンクレオステウス。みなさん、ラッキーですね。なかなか出会えない方も多いんですよ。あ、でも、決して船から身を乗り出さないようにしてください。ダンクレオステウスは獰猛な肉食魚です。歯のように見える骨の板であなたのからだをサックリ真っ二つに裁断して食べてしまいます。その場合でも、事前に誓約書にご署名いただきました通り、当社はいっさいの責任を負いません。くり返します。くれぐれも、船から身を……」

ダンクレオステウス・テレリ（*Dunkleosteus terrelli*）は、獰猛な性格とみられており、同種でも容赦なく獲物となる。獲物を噛む力はホホジロザメの比ではなく、もしも、“ダンクレオステウス見学ツアー”に参加する場合は、アナウンスのように自分の命を賭ける覚悟が必要だ。

さて、“史実”におけるダンクレオステウスは、長さ１ｍを超える巨大な頭胸部の化石はみつかっているけれども、そこよりも後ろの化石はまったく知られていない。そのため、推測される全長値には幅があり、６ｍとも８ｍとも10ｍとも言われている。この最も小さな数字をとっても、このサカナは古生代最大級である。デボン紀後期の海洋世界に君臨したとみられており、板皮類というグループの代表種としてよく知られている。

Cladoselache fyleri
【クラドセラケ】

分類	脊椎動物 軟骨魚類
産出地	アメリカ
全長	2m

デボン紀　約4億1900万年前~約3億5900万年前

上面

側面

「ねえ、見て見て！　変わった形のサメが泳いでいるよ！」という少年の声が聞こえてきそうだ。

少年が指差す水槽の中には、２匹のサカナが泳いでいる。手前を泳ぐ大きなサメは、シロワニである。現生種だ。サメなのに「ワニ」とはこれいかが？　という点も気になるところだが、この水槽には少年が言うようにちょっと変わったサカナがいる。シロワニよりも水面に近い位置を泳いでいるソレの名前を、クラドセラケ・フィレリ（*Cladoselache fyleri*）という。シロワニをはじめとするサメ類と同じ軟骨魚類に属し、そして“最古級のサメ”として知られる存在である。

シロワニとクラドセラケを比較すると、まずそのからだの概形のちがいに眼がとまる。大きなちがいの一つは口の位置で、シロワニは吻部の下に口があることに対して、クラドセラケは吻部の先端に口がある。しかし鰭の形状や、どことなく流線型をしているという点では似ているとも言えなくはない。

シロワニたちほどではないにしろ、クラドセラケは高機動性をもっていたと考えられ、上昇能力、方向転換能力、急制動能力に長けていたとみられている。

クラドセラケは、最大で２ｍにまで成長したと言われており、シロワニと比較してもわかるように、これはなかなかの大きさである。“史実”において、彼らが泳いでいたデボン紀では、なおのことだった。

Miguashaia bureaui
【ミグアシャイア】

デボン紀の湖沼

分類	脊椎動物 肉鰭類 シーラカンス類
産出地	カナダ
全長	40cm

デボン紀　約4億1900万年前〜約3億5900万年前

側面

正面

珍しいサカナが手に入ったので料理をしてみようかな。

今日はカナダからミグアシャイア・ブレアウイ（*Miguashaia bureaui*）が届いた。ミグアシャイアは、シーラカンス類の仲間だ。「シーラカンス類」と言えば、インドネシアのスラウェシ島近海やアフリカ東岸沖に生息するラティメリア（*Latimeria*：いわゆる「シーラカンス」として一般的に呼ばれる種類）がよく知られる。ミグアシャイアは、ラティメリアと比べると、背びれが1枚が少ない。また、ラティメリアとは尾びれの形も異なっている。

メートルサイズのラティメリアと比べるとミグアシャイアはだいぶ小柄であり、こうして丸ごとフライパン上での調理も試みることができる。

ラティメリアは悪臭がひどく、食べられるものではないという話がある。さてさて、では、ミグアシャイアはどうだろうか。

“史実”におけるミグアシャイアは、最も初期のシーラカンス類としてよく知られている。ラティメリアが海棲種であることに対し、ミグアシャイアは淡水環境に生きていたようだ。カナダからみつかるミグアシャイア・ブレアウイ以外にも、ラトビアから同属別種が報告されている。

あ、ダメダメ。君にあげるためのものじゃないから、持って行かないでよ！　しょうがないな。切り身をあげるから、ちょっと待っていなさい。

Eusthenopteron foordi【ユーステノプテロン】

デボン紀の海

分類	脊椎動物 肉鰭類
産出地	カナダ
全長	1m

デボン紀　約4億1900万年前～約3億5900万年前

子供たちが池をのぞきこんでいると、何やら見慣れぬサカナがやってきた。明らかにコイではない。魚雷のように細長いそのからだに、子供たちも興味津々だ。

このサカナの名前は、ユーステノプテロン・フォールディ(*Eusthenopteron foordi*)。「肉鰭類」というグループに属する。同じ肉鰭類のサカナとしては、シーラカンスが有名だろう。

しかし、ユーステノプテロンだって、“重要度”という点ではシーラカンスに負けてはいない。“史実”において、彼らが暮らしていたデボン紀という時代は、陸上四足動物（脊椎動物の上陸）が確認できる初めての時代である。ユーステノプテロンは、その陸上四足動物誕生の“基点”となる肉鰭類として、よく知られている。

外見だけ見ると、ユーステノプテロンの姿は“サカナそのもの”に見えるが、実は鰭の内部構造が従来のサカナたちと大きく異なっていた。ユーステノプテロンの鰭には、上腕骨、橈骨、尺骨という骨が確認できる。これらの骨は、陸上四足動物の腕を構成するものである。つまり、ユーステノプテロンは鰭の中に腕をもったサカナなのだ。ただし、これらの骨を腕のように動かすことは不可能だったとみられており、たとえば「腕立て伏せ」はできなかったとされる。

また、尾の先端近くまで脊柱がまっすぐ伸びていることもユーステノプテロンの特徴の一つ。これは、トカゲなどの尾のある爬虫類などと共通する特徴だ。まさに陸上動物誕生の直前の姿がそこにある。

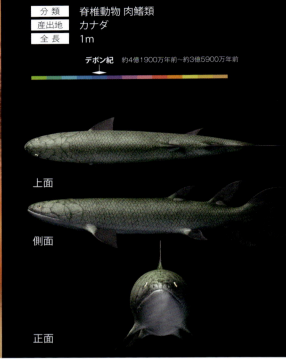

Hyneria lindae

【ヒネリア】

デボン紀の河川

分類	脊椎動物 肉鰭類
産出地	アメリカ
全長	4m

側面

正面

彼女がシュノーケリングを楽しんでいると、隣を悠然と巨大なサカナが泳いでいった。肉質のある胸ビレ、上下対称の尾びれ。彼女は、その姿に見覚えがある。少女の頃、池をのぞきこんだときに見たユーステノプテロンだ。

しかし、あのときに見たユーステノプテロンは、こんなに大きくはなかったはずだ。幼い頃の彼女と変わらないか、ともすれば、もっと小さい印象さえあった。少なくとも、こんな迫力のある存在ではなかった。

それもそのはず、ユーステノプテロンによく似ているこのサカナの名前は、ヒネリア・リンダエ（*Hyneria lindae*）。全長4mに達するという、巨大な肉鰭類である。

さて、“史実”においては、ヒネリアはデボン紀の河川に生きていたサカナである。その圧倒的な巨体から、河川生態系の頂点、もしくは上位にいたとされる。

しかし、ヒネリアについては謎が多い。全身の姿がわかる化石は、まだ発見されていないのだ。ここでは、ユーステノプテロンなどを参考に復元しているけれども、実はその姿は不明である。ただし、化石で発見されているウロコの一つだけでも、長さ5cm弱、幅6cmのサイズがあったとされる。巨大なサカナであったことに間違いはなさそうだ。

肉鰭類は、古くから歴史のあるグループの一つである。デボン紀当時においては、すでに一定の多様性を勝ち得ていたようだ。

Panderichthys
rhombolepis
【パンデリクチス】

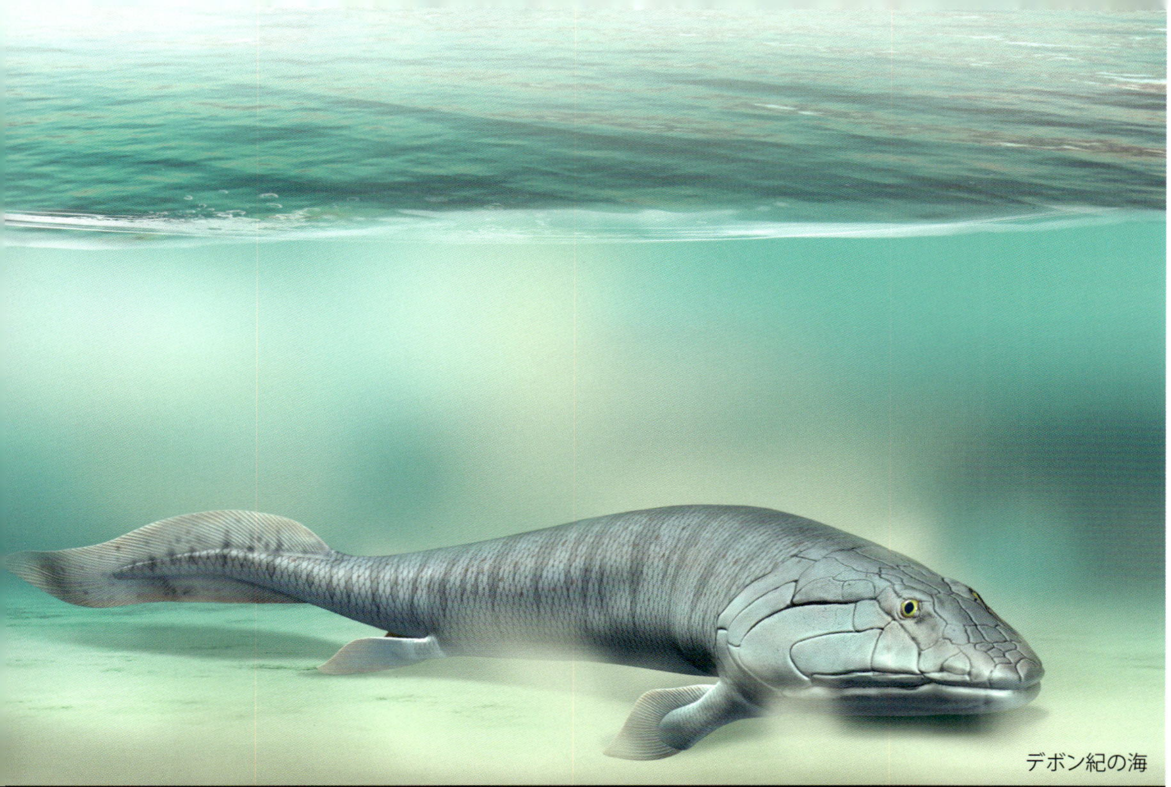

分類	脊椎動物 肉鰭類
産出地	ラトビア、ロシア
全長	1m

「ねえ、見て見て。おさかなー！」

少女がもつ傘の近くで、何やら魚が跳ねている。少女はその泥が体にかかろうと、どうやらおかまいなしのようだ。

それはともかくとして、サカナを見てみよう。現代のサカナとくらべてみて、ちょっと違和感を感じないだろうか。そう、背びれがないのだ。

サカナの名前は、パンデリクチス・ロムボレピス（*Panderichthys rhombolepis*）。146ページで紹介したユーステノプテロンと同じ「肉鰭類」というグループに属している。

同じ肉鰭類であっても、現生のシーラカンスやユーステノプテロンと比べると、パンデリクチスは、そのシルエットが大きく異なる。ユーステノプテロンの体が他の多くのサカナと同じように縦に平たいのに対して、パンデリクチスのからだはまるでワニのように横に平たいのだ。とくに平たいのは頭部であり、眼は背中側についている。この特徴もまた、ワニに似ている。水面から顔の一部を出して周囲のようすを伺うことに適したつくりである。

また、パンデリクチスは、背鰭だけではなく、腹鰭ももっていない。一方で、胸鰭の中には、腕の骨や指の骨がある。ただし、指の骨は関節しておらず、「手」としての機能は発揮できなかったとみられている。つまり、陸を“歩行”することはできなかった。もしも、あなたが道端でピチピチしているパンデリクチスをみかけたら、近くの湖か川に帰してあげて欲しい。

Tiktaalik roseae

【ティクターリク】

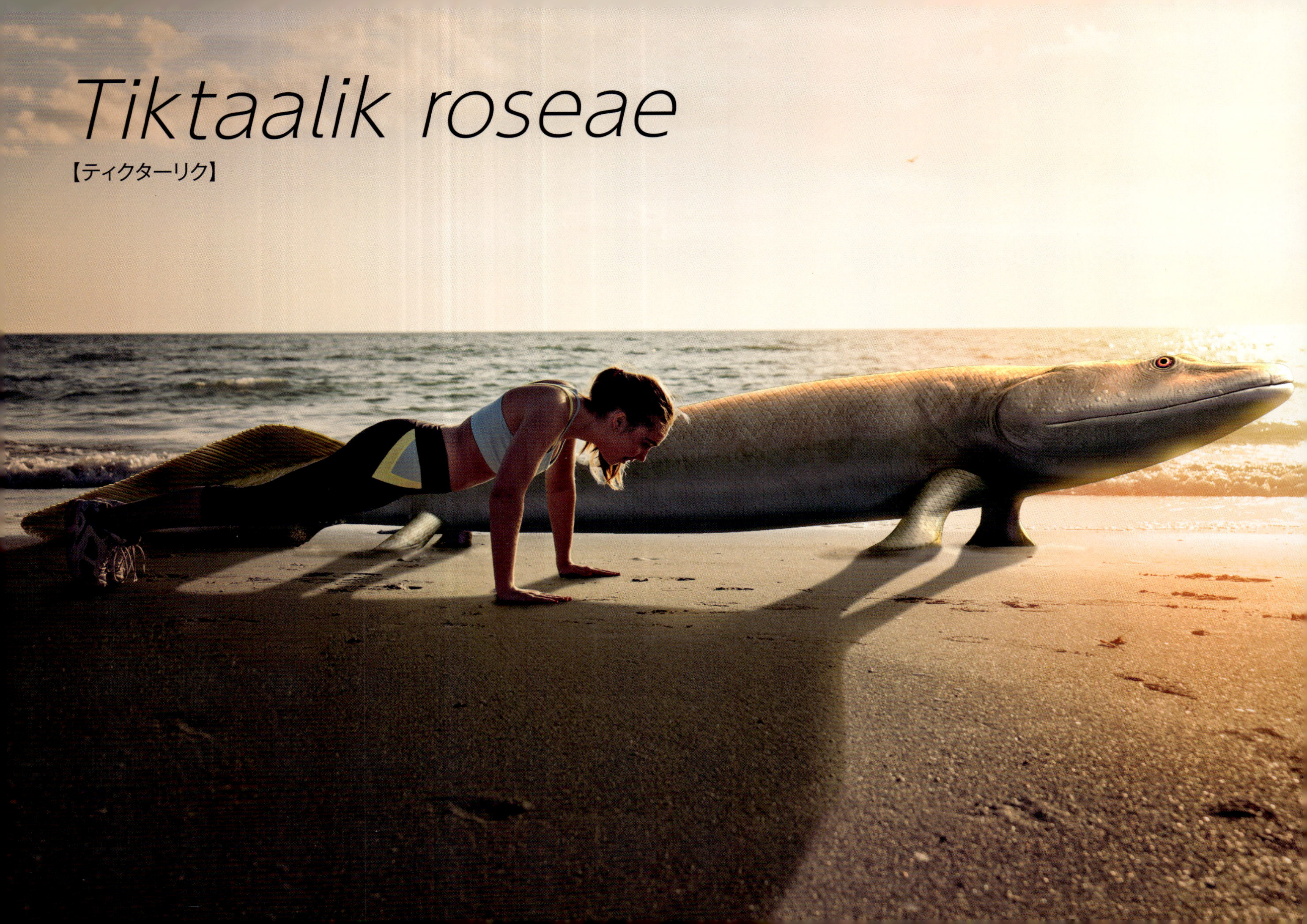

分類	脊椎動物 肉鰭類
産出地	カナダ
全長	2.7m

朝日の昇る砂浜で、女性と一緒に……何やら“巨体”がいた。前脚（？）をつっぱり、女性と同じ腕立て伏せの姿勢をとる。爬虫類然とした表情を見せているが、よく見ると尾には鰭がある。……ということは、サカナだろうか？

ティクターリク・ロセアエ（*Tiktaalik roseae*）だ。「肉鰭類」の仲間である。つまり、サカナだ。前脚のように見えるのは、胸鰭だ。そして、後ろ脚のように見えるのは、腹鰭である。

ティクターリクは、150ページで紹介したパンデリクチスと同じく、ワニのように横に平たいからだをもっている。そして、胸鰭の中には四足動物の上腕、前腕、手首に相当する骨があった。しかも、そうした骨は互いに関節し、柔軟に動かすことができたとみられている。また、肩の骨も存在しており、大きな胸筋ももっていたようだ。こうした特徴が意味することは、ティクターリクが腕立て伏せをすることができた、ということである。

“史実”においては、ティクターリクは歴史上初めて「腕立て伏せができたサカナ」に位置づけられている。ティクターリクよりも原始的なサカナたちは、鰭の中に腕の骨をもっていても、それを効果的に動かすことはできなかった。そして、ティクターリクよりも進化した動物として、やがて四足をもつものが現れるという。

なお、左ページでは、ティクターリクは「完全に上陸」しているが、果たして実際にそれができたのかどうかは定かではない。

Acanthostega gunnari

【アカントステガ】

デボン紀の海

分 類	脊椎動物 肉鰭類？ 両生類？
産出地	グリーンランド
全 長	60cm

デボン紀　約4億1900万年前～約3億5900万年前

上面

側面

正面

仕事をしていたら、アカントステガたちがまとわりついてきた。そんな悩みは、初期四足動物愛好家にとっての共通の悩みだろう。彼らはとくに、森林などの光景を好み、その写真に反応を示す。だから、ディスプレイの画面を海の画像に切り替えれば……、うまく行けば、水槽へ自然に帰るかもしれない。ダメ元で試してみる価値はある。

“史実”におけるアカントステガ・グンナリ（*Acanthostega gunnari*）は、デボン紀後期に現れた生命史上初の「陸上四足動物」だ。脊椎動物ではあるものの、魚類の仲間の肉鰭類であるか、あるいは、両生類であるのかが定まっていない。ただし、明瞭な四足構造をもつことは明らかで、しかも、その足には8本の指が並ぶという特徴がある。

アカントステガは、四肢をもつものの、そのつくりは貧弱だったことがかねてより指摘されている。そのため、陸上で重力に抗してからだを支えることはできなかったのではないか、とも言われている。したがって、仮にアカントステガが４億年近い時間を“ジャンプ”して現在に現れたとしても、陸上で仕事をしているかぎり、邪魔をされることはなさそうである。

アカントステガの全長値は60cmほどとみられている。しかし、2016年に発表された新たな研究では、既知のアカントステガの化石がすべて幼体であることが指摘された。そのため、本種がいったいどのくらいまで成長し、成体でどのような姿だったのかは、わかっていない。

Ichthyostega stensioei

【イクチオステガ】

デボン紀の海

分類	脊椎動物 肉鰭類？両生類？
産出地	グリーンランド
全長	1m

デボン紀　約4億1900万年前~約3億5900万年前

上面

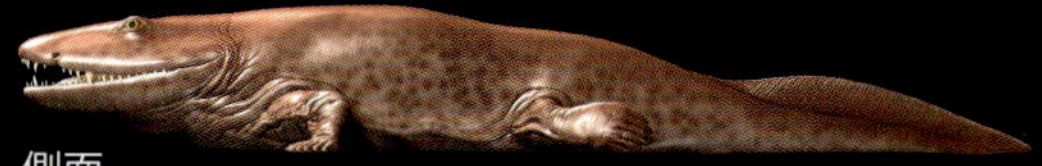
側面

正面

「ようこそおこしやす」。そんな言葉が聞こえて来そうだ。“味のある座敷”で、芸妓さんが迎えてくれている……っと、どうやら迎えてくれているのは、芸妓さんだけではないようだ。その隣には何やら物騒な表情の動物がいた。

この動物の名前は、イクチオステガ・ステンシオエイ（*Ichthyostega stensioei*）。肉鰭類とも両生類とも言われる脊椎動物である。がっしりとした四肢をもち、口には鋭い歯が並ぶ。154ページで見たアカントステガとくらべると、その存在感は圧倒的で、アカントステガのように机の上に乗せることは難しかろう。イクチオステガの脇で微笑む芸妓さんの思惑がなんとも気になるところである。

もっとも、イクチオステガに対して必要以上に警戒をする必要はない。口には鋭い歯が並んでいるものの、彼らはさほど地上を歩くことが得意なわけではない。がっしりとした四肢をもち、頑丈な肋骨を有し、重力に抗することはできるけれども、その動きには制約が大きく、特にからだをうねらせながらすばやく歩くことは苦手だったようである。

“史実”においては、イクチオステガはアカントステガと同時期に生息していた動物で、“最初の四足動物”ではないけれども、“最初期に陸上進出した四足動物”として知られている。ただし、大きな尾びれももっており、水中生活の方が主体だったという見方もある。これまでに複数の個体が発見されているが、前足はみつかっておらず、その指の本数は、実はわかっていない。

Archaeopteris obtusa

【アルカエオプテリス】

デボン紀の陸

分類	シダ植物 前裸子植物類
産出地	カナダ
全長	10m 超

京都。その古き街並みには、どこか懐かしさを感じる人もいるだろう。小中学校や高校の修学旅行で訪ねたことがある、あるいは、これから訪ねる、という人も多いはずだ。

さすがは「古都」である。家々の並ぶそこかしこに、なかなか歴史を感じさせる大樹が残っている。とくにアルカエオプテリスの仲間が確認できる街は、世界広しと言えども他にはあるまい。アルカエオプテリスは、古くはデボン紀の中期に出現したとされる植物で、植物史上最も初期の樹木の一つだ。アルカエオプテリスの属名をもつ種はいくつもあり、京の街にあるのはカナダで化石がみつかっているアルカエオプテリス・オブツサ（*Archaeopteris obtusa*）か、あるいはその近縁種とみられる。アルカエオプテリスの仲間は幹の直径が1mを超え、樹高は10mに達したのではないか、と言われている（20mという指摘もある）。つまり、京の街に残るこれらの樹木は、地球史上最初期の森林の生き残りなのだ。そうだ、京都へ行こう。

さて、“史実”においては、アルカエオプテリスは石炭紀に絶滅しており、もちろん今日の京都で見ることはできない。アルカエオプテリスの属する前裸子植物も絶滅グループである。しかし、アルカエオプテリスに始まる“陸上森林の歴史”はその後も連綿とつづき、“地球の森らしい光景”はデボン紀以降、地上の主役となっていった。宇宙から見たこの星の色に、本格的に「緑色」が加わったのは、アルカエオプテリスの頃から始まる話である。

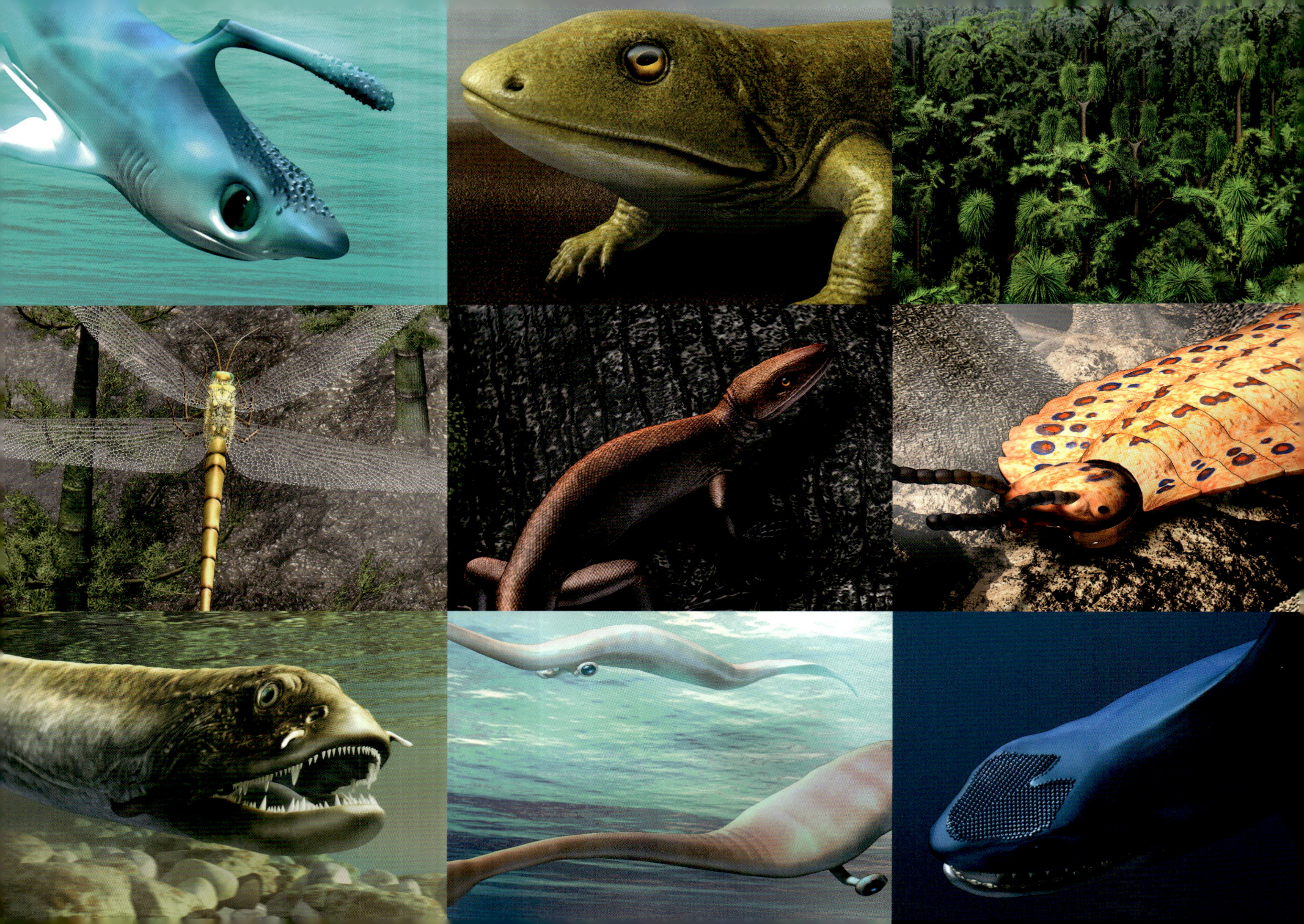

石炭紀 *Carboniferous* period

昆虫と大森林の時代がやってきました。約３億5900万年前に始まった古生代第５の時代の石炭紀です。この時代から、生命進化を紡ぐ物語に地上世界が本格的に加わります。
この時代、脊椎動物は上陸を果たしていましたが、まだ大きな“勢力”を築いていませんでした。そんな世界で繁栄を遂げたのは、節足動物です。天敵不在の陸地で彼らは大型化し、我が世の春を謳歌していました。
石炭紀の森を「大森林」と形容したのは、けっして誇張ではありません。「巨木」という言葉ではくくりきれないような大樹が、世界各地に茂っていたのです。その樹木はのちに人類の産業革命を支える石炭の材料となり、時代名の由来となります。

Arthropleura armata

【アースロプレウラ】

石炭紀の森林

分類 節足動物 多足類
産出地 アメリカ、カナダ、フランスほか
全長 2m

石炭紀 約3億5900万年前~約2億9900万年前

側面

横断歩道で道路を渡っていたら、何やら正面から長いからだのうぞうぞしたヤツがやってきた。ヤツの名前は、アースロプレウラ・アルマタ（*Arthropleura armata*）。“史上最大の陸上節足動物”である。水棲種と比べても、2m級というサイズの節足動物は、そうそう他にはない。多足類……つまり、ムカデの仲間に分類される。

アースロプレウラ属には複数の種が分類されている。その中でも、大きなものの全長は、2mを超えていたらしい。脚（付属肢）の総数は30組60本におよんだとみられている。「脚がたくさんいる“うぞうぞ系”は苦手」という人は近づかない方が良さそうだ。もっとも、アースロプレウラは植物食性だったとみられており、よほどの空腹時でもなければ、ヒトが襲われることはなかっただろう。ただし、アースロプレウラは“平たい動物”なので、誤って踏みつけないようにしたいところである。踏みつけた後の“反撃”については、保証の限りではない。

なぜ、これほどの長いからだをもった陸上節足動物が出現し、また、その後、出現することがなかったのだろうか？

“史実”において、アースロプレウラがいたとされる古生代石炭紀は、地上を這い回るアースロプレウラだけではなく、空を飛ぶ昆虫類にも巨大なものがいたことがわかっている。彼らが巨大であったことの理由として、植物が巨大化する気候と、当時の地上に天敵となるような大型の脊椎動物が少なかったことなどがあげられている。

Meganeura monyi
【メガネウラ】

石炭紀の森林

分類	節足動物 昆虫類
産出地	カナダ
全長	70cm

石炭紀 約3億5900万年前～約2億9900万年前

昆虫採集に来た少女が、そのトンボのあまりの大きさに硬直している。残念ながら、少女が手にする網では捕らえることはできまい。そのトンボの名前を、メガネウラ・モニィ（*Meganeura monyi*）という。

メガネウラは、翅を開いたときのその幅が70cmにもなるという巨大なトンボである。知られている限り最大の昆虫であり、“史実”においては、古生代石炭紀だけに生きていた。なぜ、メガネウラがこれほどに大型になり得たのかについては、いくつかの仮説がある。

仮説の一つは、当時の大気における酸素濃度が、現在よりも高かったことが関係しているのではないか、というものだ。酸素濃度が高ければ、動物は大型化しやすい。また、空気の“粘性”が高く、飛翔動物にとって浮力を得やすかった可能性があるともされている。

天敵がいないことも、彼らには幸運なことだったにちがいない。石炭紀において、脊椎動物は上陸を果たしていたけれども、その活動の舞台は主に水辺と地上だった。樹上生活ができた種もいたとみられているが、けっしてその数は多くない。何よりも、鳥類はもとより、翼竜類なども含めて空を飛ぶものはいなかった。天敵不在の空において、メガネウラの大型化を妨げるものはいなかったのだ。

もっとも、「トンボ」とは言っても、彼らは現在の地球にいるトンボ類とは別の「原トンボ類」というグループに分類される。彼らは、子孫を残すことなく姿を消している。

Akmonistion zangerli

【アクモニスティオン】

分類	脊椎動物 軟骨魚類
産出地	スコットランド
全長	60cm

「釣れたー！」と思ったら、「なんじゃこりゃー！」。どうやら、少年はアクモニスティオンを釣ったことがなかったらしい。父にとって、期待通りの反応である。

アクモニスティオン・ザンゲルリ（*Akmonistion zangerli*）は、軟骨魚類に分類される。ざっくりと言えば、サメの仲間である。もっとも、軟骨魚類というグループは大きく板鰓類と全頭類に細分され、サメやエイが板鰓類で、アクモニスティオンは全頭類（ギンザメの仲間）とされている。

アクモニスティオンの最大の特徴は奇妙な形の“第一背鰭”だ。大きく高く発達し、その上面が水平方向に広がっているのである。一見すると、この第一背びれがつかみやすそうに見えるけれども、その上面にご注意を。一面に細かなトゲがびっしりと並んでいるのだ。釣り上げた喜びのまま素手で触ると、思いがけないケガをしてしまうかもしれない。トゲは頭の上部にも並んでいるので、こちらも気をつけられたい。捕まえる際は、鰓の辺りをがっしりと下から掴むのが良いだろう。もちろん、子供だけで扱うのは危険なので、大人が手伝う方がイイ。

“史実”においては、アクモニスティオンは古生代石炭紀のスコットランドあたりに生息していた。石炭紀は軟骨魚類が多様化した時代として知られている。大小さまざまな姿の軟骨魚類が登場し、各地で繁栄を遂げていた。アクモニスティオンはそうした軟骨魚類の中の代表的な存在だ。

Falcatus falcatus

【ファルカトゥス】

石炭紀の海

分 類	脊椎動物 軟骨魚類
産出地	アメリカ
全 長	20cm

石炭紀 約3億5900万年前～約2億9900万年前

「見て見て、変わったオサカナさんがいるよー」

少女が水槽を指差している。その仕草を見る両親の頬が緩む。微笑ましい光景だ。

しかしこの場合は、両親も水槽の中に注目した方が良いだろう。たしかにちょっと変わったサカナがそこにいるのだ。そのサカナの名前を、ファルカトゥス・ファルカトゥス（*Falcatus falcatus*）という。サメと同じ軟骨魚類に分類されるサカナだ。

ファルカトゥスの何が「ちょっと変わっている」かと言えば、その頭部だ。後頭部付近から上に出た突起が、その途中で急角度に曲がり、前方に突き出すように向いているのである。166ページで紹介したアクモニスティオンも相当変わった軟骨魚類だけれども、ファルカトゥスも負けてはいない。

この突起は雄が雌に自分をアピールするために使っていたのではないか、という指摘がある。

さらに別のある研究によると、アクモニスティオンやファルカトゥスのもつ“独特の構造”は、性成熟した個体にしか確認できないと指摘されている。すなわち、「大人の雄の証」ではないか、と考えられている。

果たして突起の役割は、「性的ディスプレイ」なのだろうか？　その指摘が正しいのか、水槽の中では、突起をもっていないファルカトゥス（雌とみられる）が近寄ってきた。彼のアピールは成功した、ということだろうか。

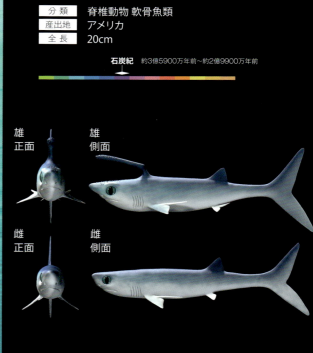

Crassigyrinus scoticus

【クラッシギリヌス】

石炭紀の湖沼

分類	脊椎動物 両生類
産出地	イギリス
全長	2m

上面

正面

側面

　ある水族館では、“イルカショー”に最近、新しい仲間が加わった。イルカたちと同じくらいの体をもつその新入りの名前は、クラッシギリヌス・スコティクス（*Crassigyrinus scoticus*）という。

　クラッシギリヌスは、独特の顔と姿をもつ動物である。全長2mというなかなかの大きさであることをのぞけば、「ウツボに近い姿をしている」と言えるかもしれない。しかし、ウツボの吻部は鋭いことに対して、クラッシギリヌスの吻部は寸詰まりである。

　その顔に注目すると、愛らしささえ感じてしまう。眼は大きく、口も大きく、実に剽軽である。子供たちに人気が出そうな顔つきだ。

　もっとも、この飼育員にとっては、訓練は命がけだったことだろう。なにしろ、大きな口にはびっしりと鋭い歯が並んでいて、「牙」と形容できそうな大きな歯も複数本あるのだ。危険極まりない。

　先ほど「寸詰まりの吻部をもつウツボに近い姿」と書いたけれども、よく見ると吻部以上に決定的なちがいがある。それは小さいながらも、クラッシギリヌスが四肢をもっていることだ。この小さな四肢がいったい何の役にたったのかはわからない。陸における移動に役立ったとは、とても思えない。ちなみに、この動物は両生類に分類されている。もちろん、現実では絶滅種で、世界中のどの水族館でも見ることはできないのでご注意を。

Pederpes finneyae

【ペデルペス】

石炭紀の水際

分 類	脊椎動物 両生類
産出地	イギリス
全 長	1m

石炭紀　約3億5900万年前〜約2億9900万年前

正面

側面

「大集合してる！」この光景を見て、そうお気づきの方は、かなり“通”な方だろう。

左手前にいるのは、肉鰭類のユーステノプテロン、中央奥にいるのは同じく肉鰭類のパンデリクチス、右奥に肉鰭類のティクターリク、そして右手前に両生類のアカントステガ、中央手前で岩に乗っているのは両生類のイクチオステガ、そして、左の高い岩上でたたずむのが、両生類のペデルペス・フィンネヤエ（*Pederpes finneyae*）である。

こうして時計回りに紹介した理由はもちろん理由がある。この順番は、脊椎動物が“上陸への大進化”を歩んだその道をなぞっているのである。各種はそれぞれの段階を代表する存在で、最後に紹介したペデルペスは、史上初めて、陸上を「歩き回る」ことができた動物としてよく知られている。四肢の指がまっすぐ前を向いており、効率的な歩行が可能だった。

この景色は脊椎動物の進化をなぞったまさに大集合モノ。もちろん、現実世界ではあり得ない風景である。ここにあげた6種の中で、生息場所が重複していたのはアカントステガとイクチオステガくらいだ。他は生息場所が現在の国レベルで異なる。また、“史実”においては、“最初の種”であるユーステノプテロンと、“到達点”であるペデルペスの間には、2000万年前後の時間が経過していた。

それでも、もしもあなたがこの景色を目の当たりにする機会があったなら……シャッターチャンスは見逃さないことだ。

Hylonomis lyelli

【ヒロノムス】

石炭紀のシラギリアの洞の中

分 類	脊椎動物 爬虫類
産出地	カナダ
全 長	30cm

桶を取ろうと手を伸ばしたら……何かいる！

トカゲだ！　そう思われるのも無理はない。体内のつくりはともかくとして、見た目は現生のトカゲとそっくりのこの動物は、ヒロノムス・ライエリ（*Hylonomis lyelli*）という。

“史実”において、ヒロノムスは「最初期の爬虫類」として有名だ。ヒロノムスの登場より数千万年の昔、約3億7000万年前（デボン紀後期）に、脊椎動物は本格的な陸上進出を開始した。それまでの脊椎動物の生活の場はほとんど水中だったけれども、この頃を境にして陸においても活動をするようになったのだ。ただし、「陸で活動」とはいっても、初期の陸上脊椎動物たちは水辺を離れることができなかった。なぜならば、彼らの卵には殻がなく、いわばむきだしの状態であり、乾燥に極めて弱かった。そのため、産卵は水中で行う必要があったのである。

その点、石炭紀に現れたヒロノムスは安心（？）だ。ヒロノムスの卵そのものは未だ発見されてはいなけれども、おそらく殻のある卵を産むことができたとみられている。ヒロノムス以降、脊椎動物は水辺を離れて活動することが可能となったのだ。その意味で、ヒロノムスは“記念碑”的な動物と言える。

ヒロノムスの化石は、シギラリア（178ページ参照）の洞《うろ》の中からみつかっている。こうした樹木の洞を巣として使っていた可能性が指摘されており、その点で現代の桶にも親近感を感じたのかもしれない。あるいは、その化石は洞に落ちて出られないまま死んだ結果なのかもしれない。

Tullimonstrum gregarium

【ツリモンストラム】

石炭紀の海

分類	???
産出地	アメリカ
全長	35cm

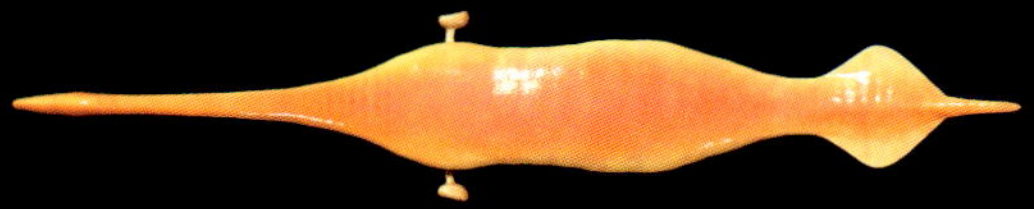

上面

側面

「どうです？　今日は活きのいい奴がはいってますぜ。このイカ、すぐにでもさばいて食べられますって。ターリーモンスターも、食べごろですよ。今日はセットでどうだい。え？　ターリーモンスターを知らないって？　いやあ、イリノイあたりじゃあ、有名なんですけどね。イカと合わせて食べるとこれがまた……」

ターリーモンスターは、正式には、ツリモンストラム・グレガリウム（*Tullimonstrum gregarium*）という名がある。アメリカでは、イリノイ州の「州の化石」に認定されている。

そう、ツリモンストラムは「化石」だ。イリノイ州最大の都市であるシカゴの近郊からその化石はみつかる。全体的に平たく細長い姿をしており、一端はチューブのように長く伸びてその先にハサミ状構造があり、一端にはひれがある。おもしろいのは、眼だ。からだから細長い軸がのびて、その先に眼がついている。

ツリモンストラムは水棲の動物である。ただし、それ以上のことはよくわかっていない。1966年に、この動物の化石が報告されてから長い間、分類不明としてあつかわれてきた。まさに、モンスターだったのだ。ちなみに、「ターリーモンスター」の「ターリー」とは、発見者の「フランシス・タリー氏」にちなむ。

2016年になって、実はサカナの仲間（無顎類）ではないか、という論文が出た。しかし、その論文を否定する論文が2017年に発表されている。謎は謎のまま。果たしてこの復元が正確なのかもわからない状況である。

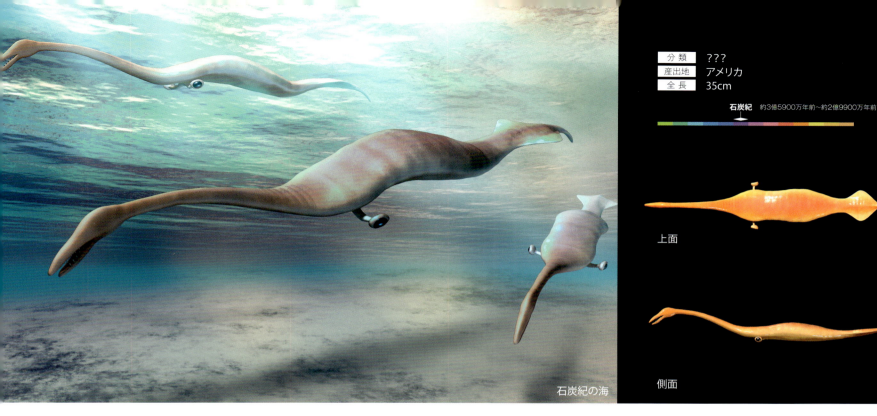

広告募集
石炭証券
TSUTAYA
ZARA

- 分類　ヒカゲノカズラ リンボク類
- 産出地　世界各地
- 全長　40m

- 分類　ヒカゲノカズラ リンボク類
- 産出地　世界各地
- 全長　30m

- 分類　シダ植物 トクサ類
- 産出地　世界各地
- 全長　20m

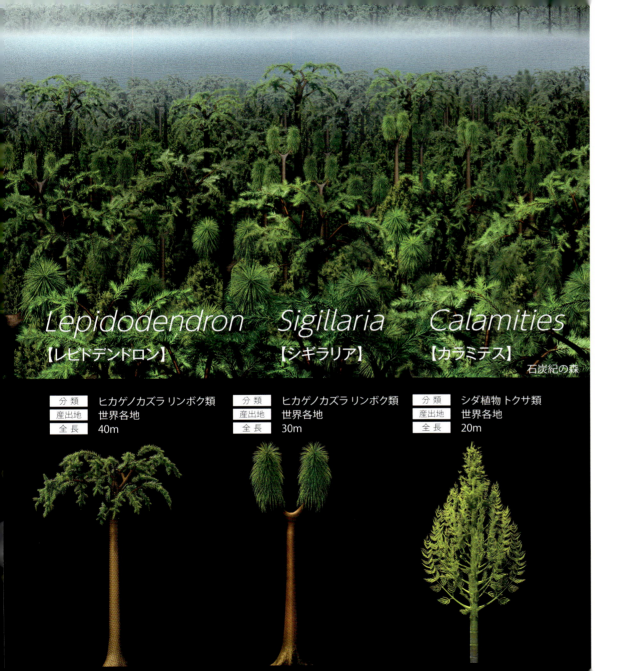

都市がとても暑くなるヒートアイランド現象。その対策には、街路樹の植樹が効果的であるという。「どうせならば」と極東の大都市が選択したのは、都市をジャングル化させることだった。そして「どうせならば」と太古の樹木を復活させることにした。

こうして大都会に蘇った樹木は、思いのほか大きかった。樹木は、背の高い方から、レピドデンドロン（*Lepidodendron*）、シギラリア（*Sigillaria*）、カラミテス（*Calamities*）と呼ばれるものだ（種小名は未同定）。それぞれ幹の模様が「サカナの鱗」「文書をとじる際の封印」「アシ（蘆）」に似ていることから、「鱗木」「封印木」「蘆木」の名前でも知られている。いずれも石炭紀の世界各地で繁茂した植物だ。

レピドデンドロンとシギラリアはヒカゲノカズラの仲間で、カラミテスはトクサの仲間だ。現生のヒカゲノカズラは高さ20cmほど、トクサは80cmほどしかないけれども、石炭紀のこの3種は、現生種と比較するのも馬鹿馬鹿しくなるような巨大植物である。

石炭紀においてこうした巨大植物がつくった大森林は、のちに石炭となって人類の産業革命を支える燃料となった。大都市に巨大植物を復活させたプロジェクトでは、やがてこれらの植物も石炭となり、将来の資源となることが期待できると息を巻く（ただし、現時点でも石炭の埋蔵量に不安があるわけではない）。

……というような、プロジェクトがあったとしたら、面白いですかね？

ペルム紀 *Permian period*

単弓類が一大勢力を築き、哺乳類への道が開かれた時代です。古生代はついに最後の時代へと突入。約2億9900万年前に始まり、約2億5200万年前までつづいたこの時代を、ペルム紀と呼びます。

カンブリア紀の始まりから3億年近い歳月を経て、陸にも海にも多種多様な動物たちが溢れかえるようになりました。脊椎動物はついに空を飛び始め、また、のちに哺乳類を産むことになるグループの「単弓類」が大きな繁栄を手にすることになります。

このページをめくる前に、ぜひ、本書の最初のほうのページをパラパラと再確認されてみてください。その後にこのページをめくってみましょう。長い年月によって、生命のサイズがどのように変わってきたのか。そのちがいを実感していただけるでしょう。

Sikamaia akasakaensis

【シカマイア】

分類	軟体動物 二枚貝類
産出地	日本、アフガニスタン?、マレーシア?
全長	1m

ペルム紀 約2億9900万年前～約2億5200万年前

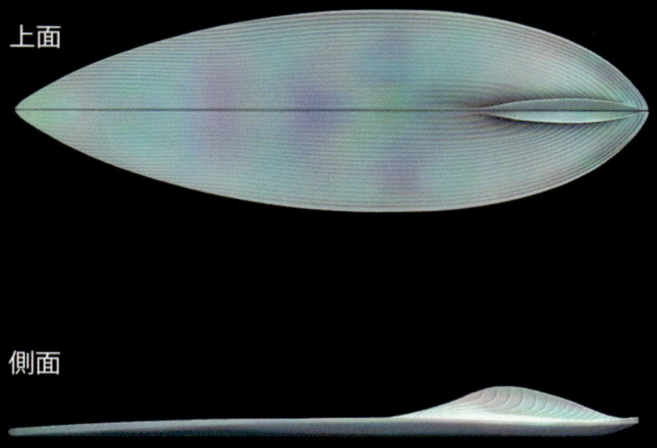

カヌーをゆっくりと漕ぎながら、森の中を進んでいると、何やら不思議な不思議な物体が浮かんでいた。ボート……ではないし、大きな木の葉……でもない。いったい、これは何なのだろうか？

この不思議な物体の正体は、シカマイア・アカサカエンシス（*Sikamaia akasakaensis*）だ。こうみえても、二枚貝である。その大きさは1mを超えるものもあり、「史上最大の二枚貝」として知られている。

シカマイアは前後に扁平な二枚貝で、殻の前半部はやや凹み、殻の後半部は少し膨らんでいる。こうした形状は、リュウキュウアオイガイという二枚貝に似ている、とされている。

しかし実際のところ、シカマイアの全体像はよくわかっていない。その化石は、石灰岩の中に断片的に確認されるのみで、全身まるごとを見るためには、石灰岩からけずり出すしかないのだ。カヌーの男性が見ているシカマイアは、実は一つの可能性にすぎないのである。

姿形がそのような状況なので、生態についても謎とされる。実際には水面に浮くようなことはなく、海底に横たわっていたのではないかとされているが、それもまた一つの説である。

「シカマイア」「アカサカエンシス」と母音過多の綴りが示唆するように、この二枚貝は岐阜県大垣市の赤坂金生山などがその化石の産地として知られ、いくつかの博物館にその標本と復元模型が展示されている。なお、シカマイアという名前は、古生物学者の鹿間時夫博士（故人）にちなむものだ。

Eryops megacephalus

【エリオプス】

ペルム紀の水辺

分類	脊椎動物 両生類 迷歯類
産出地	アメリカ
全長	2m

上面

側面

正面

ある美術館には「古生代」をテーマにした部屋があるという。飾られている絵は、古生代3億年の世界を彩ったさまざまな古生物たちを描いたもの。部屋の中央に用意されたソファに腰掛け、そうした絵を眺めていると、悠久の時間とともに、何やら寂しさを感じることができる。古生代の古生物をテーマにした本書もそろそろ終盤だ。次巻はどんな動物や植物が登場するのだろうか。

……なんだかそんな感慨に耽っていると、のっそりとやってきた動物がいる。どっしり、ずっしりとした大きな体。その動物の名前をエリオプス・メガセファルス（*Eryops megacephalus*）という。古生代終盤のアメリカに生息していた両生類である。

エリオプスはただ単純に「大きい両生類」というだけではない。口には鋭い歯が並び、幅広でがっしりとしたあごをもっていた。明らかに肉食性の動物の特徴である。こうした点から「両生類史上最強種」ともみられている。

古生代終盤の水際世界において、エリオプスは生態系の中で“支配者層”にあったとみられる。当時、内陸で“勢力”を拡大していた単弓類の大型肉食種と生態系の上位を争っていたことだろう。

……古生代のさまざまな時代を代表する“最強種”の絵が飾られたこの部屋。エリオプスは郷愁を感じているのだろうか。隣にいる女性を襲う様子を見せないところは一安心だ。なお、こんな“楽しい美術館”は、筆者の知る限り実在しません。

Helicoprion bessonowi

【ヘリコプリオン】

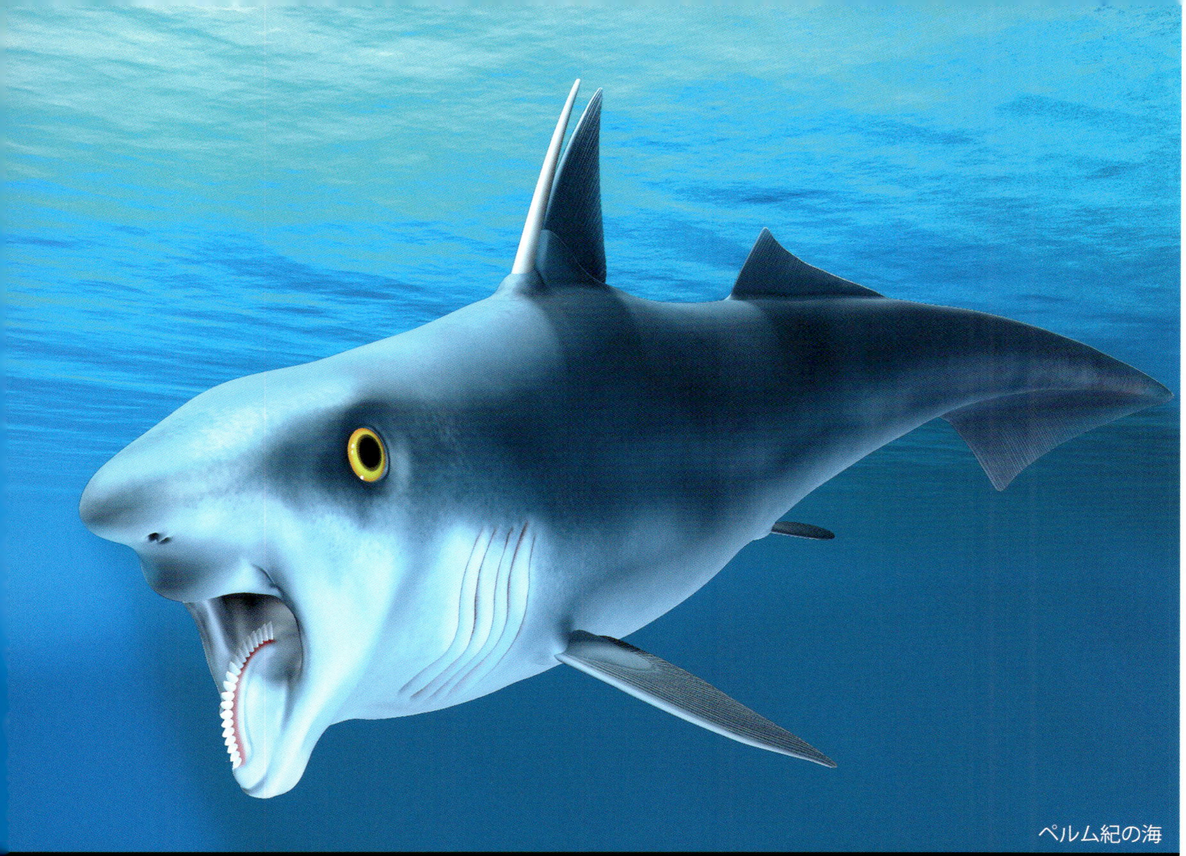

ペルム紀の海

分 類	脊椎動物 軟骨魚類 全頭類
産出地	アメリカ、ロシア、日本ほか
全 長	3m 以上

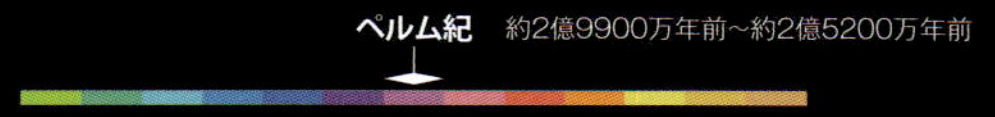

正面

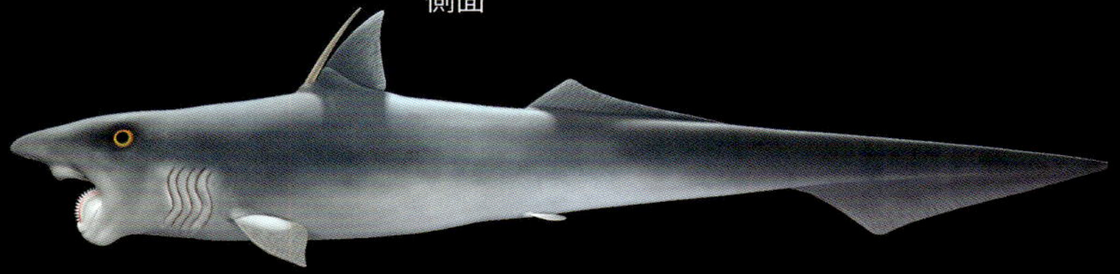

側面

「ねえ、変なサメが泳いでいるわよ」
「本当だ。見てごらん」
「なにあれ？」
「下を泳いでいるのは、シロワニらしいわ。じゃあ、上は……？」
「……上は、なんだろうねぇ」

そんな親子の会話がされていそうだ。

シロワニの上を同じ方向に向かって泳いでいるのは、ヘリコプリオン・ベッソノウィ（*Helicoprion bessonowi*）だ。親子の前を通り過ぎてしまったけれども、その最大の特徴は下顎にある。下顎の中軸部に、まるで電気のこぎりの“円板状ブレード”のようにぐるりと円を描くように歯が並んでいるのだ。そして、表面からは見えないけれども、実はあごの中で歯は螺旋を描いて並んでいる。

なんとも独特な下顎と歯の並びである。この歯が何の役にたったのかについては、決定的な見方がない。

ヘリコプリオンの主食は頭足類だったのではないか、と言われている。水族館で与える餌は、イカやタコが妥当だろう。飼育員がこの水槽に餌を入れた時、ヘリコプリオンがどのように下顎を使って獲物を食べるのか、じっくりと観察してみたいものだ。

なお、ヘリコプリオンは、軟骨魚類であるとはされていたものの、その先の分類が不明だった。しかし、今日では2013年に発表された研究によって、ギンザメの仲間という見方が優勢である。

Diplocaulus magnicornis

【ディプロカウルス】

ペルム紀の海

分 類	脊椎動物 両生類
産出地	アメリカ
全 長	1m

ペルム紀　約2億9900万年前～約2億5200万年前

正面

側面

上面

「今日は暑いし、水風呂でも入ろうかな」と思って浴室の扉を開けると……、そこには先客がいた。ディプロカウルス・マグニコルニス（*Diplocaulus magnicornis*）が浴槽で気持ちよさそうに浸かっている。

ディプロカウルスは、まるで分厚いブーメランのような形をした頭部が特徴の両生類である。ブーメランのように平たくて左右に幅が広く、そしてひらがなの「く」の字のような形をしている。ただし、大きな頭部をしているから、口も大きいというわけではない。ディプロカウルスの口は「く」の字の頂点に小さく開いている。

二つの目はその口のすぐ近くにあり、なんとも愛らしい表情をみせる。「両生類」とは言っても、現生のカエル（無尾類）やイモリ（有尾類）、アシナシイモリ（無足類）たちとは別の絶滅グループに分類されている。

ディプロカウルスの最大の特徴は、すでに述べたように頭部だ。ただし、子どもの頃から、この頭部が大きかったわけではないらしい。幼い頃は幅が広くないばかりか、「く」の字でもない。どちらかと言えば、正三角形に近い形状だった。この動物は、成長にともなって頭部の形を大きく変化させたのだ。

頭部につづくのは、これまた幅の広い胴体であり、そこからは小さな四肢と長い尾が伸びている。この小さな四肢では地上を歩くことはできない。そのため、もっぱら水中で生活していたとみられている。風呂のような水流のない場所も良いだろうけれど、ある程度は強い水の流れがあっても、動き回ることができたらしい。

Coelurosauravus jaekeli

【コエルロサウラヴス】

分類	脊椎動物 爬虫類
産出地	カナダ
全長	1m

ペルム紀　約2億9900万年前~約2億5200万年前

ちょっと散歩に出た公園で、鳩に餌をやろうとしたら……予想外の動物が飛んできた！

え、ちょっ！　ちょっと！

その動物は器用に翼を折りたたみ、私の手に“着陸”した。この折りたたみ可能な翼をもつ動物の名前を、コエルロサウラヴス・ジャエケリ（*Coelurosauravus jaekeli*）という。

コエルロサウルラヴスは、これまでに知られている脊椎動物の中で、最も初期に空を飛んだものの一つだ。左右それぞれの脇の後ろ付近と胴体の脇に23本以上の骨をもち、その骨を側方へと広げることができた。それぞれの骨が皮膜の芯となり、全体で翼をつくっていたと考えられている。似たようなつくりをもつ動物として、マレー半島に生息するトビトカゲがいるが、トビトカゲの翼の芯は肋骨であることに対して、コエルロサウラヴスのそれは、“専用の骨”だ。コエルロサウラヴスは、この腹部の翼を使い、主に高い場所から低い場所へと滑空していたとみられている。鳥類などの飛翔性脊椎動物と大きく異なる点の一つは、自身で羽ばたくことができなかったという点である。

長い尾もコエルロサウラヴスの特徴の一つ。この尾は柔軟に動かすことができるようで、飛行中の姿勢制御に一役買っていたとみられている。前脚は飛行方向を決めるための方向舵の役割を果たしているのでは、という指摘もある。

なお、“史実”におけるコエルロサウラヴスの登場はペルム紀後期。その子孫は残っていない。

Scutosaurus karpinskii

【スクトサウルス】

分類	脊椎動物 爬虫類 パレイアサウルス類
産出地	ロシア
全長	2m

ペルム紀　約2億9900万年前～約2億5200万年前

側面

正面

大型犬と暮らす、ということは、小型犬や中型犬では味わうことのできない楽しさを実感できる。……とともに、大型犬ならではのたいへんさもある。その一つは、遊び相手を探すこと。大型犬と一緒に、遠慮なく遊ぶ動物というのは、実はなかなかいない。

そこで、遊び相手を探そうと、大型のスクトサウルス・カルピンスキィ（*Scutosaurus karpinskii*）がいる公園に愛犬を連れてきた。楽しんでくれると思ったら、どうにも互いににらみ合って動かなくなってしまった。愛犬も愛犬だが、スクトサウルスもスクトサウルスだ。困ったものである。

スクトサウルスは「重量級」という言葉がぴったりと合う爬虫類だ。でっぷりとした胴体、太くがっしりとした四肢、左右にフリルが張り出た頭部などが特徴だ。迫力のある面構えだけれども植物食性で、やわらかい植物を主に食べていたとみられている。

さて、もちろん、スクトサウルスが放し飼いにされている公園は実在しないので、大型犬の遊び相手をお願いすることは不可能だ。“史実”においては、スクトサウルスを含むパレイアサウルス類は、ペルム紀に繁栄していた代表的な大型植物食動物である。当時、世界中の大陸が1か所に集まって超大陸「パンゲア」をつくっており、少なくとも一部のパレイアサウルス類は、そのパンゲアの内陸地域で栄えていたことがわかっている。

Mesosaurus tenuidens

【メソサウルス】

ペルム紀の河川湖沼

分 類	脊椎動物 爬虫類 側爬虫類
産出地	ブラジル、ナミビア、南アフリカほか
全 長	1m

ペルム紀 約2億9900万年前~約2億5200万年前

上面

側面

正面

「Take your mark」「ピッ！」

そんな音とともに泳ぎ始め、ふと気づいたら隣を何やら尾の長い動物が泳いでいた。細長い頭部には、極細で長さのある歯が並び、からだにははっきりとした四肢がある。そんな動物が隣を泳いでいたら……あなたは、そのまま泳ぎ続けることができるだろうか？

プールに紛れ込んでしまったこの動物は、メソサウルス・テヌイデンス（*Mesosaurus tenuidens*）と呼ばれる。伝統的に爬虫類として分類されてきたけれども、近年ではこの分類に関して議論がなされている（……といっても、両生類であるとか、哺乳類であるというわけではない）。

メソサウルスの分類がどこに決まろうとも、この動物のもつ生態が変わるわけではない。メソサウルスは、四肢をもってはいるものの、陸上種というわけではなく、湖や川に生きていた淡水性の種であることがわかっている。

“史実”においては、メソサウルスは、古生代ペルム紀の南アメリカ大陸やアフリカ大陸に生きていた。改めて書くまでもなく、現在、この2大陸の間には大西洋があり、淡水性の種がその海を渡ることはできない。しかし現実として、両大陸からメソサウルスの化石がみつかる。この事実は、ペルム紀当時、両大陸は地続きだったことを意味している。いわゆる「大陸移動説」において、メソサウルスはかつて超大陸が存在した証拠として扱われているのである。

Dimetrodon grandis

【ディメトロドン】

ペルム紀の陸・夜

分類	脊椎動物 単弓類“盤竜類”
産出地	アメリカ
全長	3.5m

ペルム紀　約2億9900万年前～約2億5200万年前

側面

車をとめようと駐車場にやってきたら、どうやらディメトロドン・グランディス（*Dimetrodon grandis*）たちが休憩中だったらしい。1頭は、行儀よく駐車スペースで休んでいる。残る2頭も“駐車スペース”を探してうろついているようだ。

「ディメトロドン」の属名をもつ種は複数存在する。種によって、その大きさはまちまちであるものの、大きなものではその全長は3.5m近くに達するという（4.6mに達したと言う説もある）。日本の軽自動車は全長3.4m以下と法律によって定められている。すなわち、ディメトロドンの大きな個体の長さは、日本の軽自動車とほぼ同等と言える。左ページの青い車のようなコンパクトカーと比べると、一回り小さいサイズとなる。

ディメトロドンは、古生代の陸上世界において最大級の肉食動物である。肉食動物が「大きい」理由は、獲物である動物たちが大きいことにあるとされることが多い。すなわち、“史実”では、このとき同サイズの動物たちがたくさんいたのである。

一方、ディメトロドンの帆にはかねてより「体温調節機能がある」とみられてきた。帆を日光にあててからだを温め、風にあててからだを冷やしていたのではないか、というものだ。ただし、2014年に発表された眼に関する研究では、そもそもディメトロドンは夜行性だったのではないか、と指摘されている。少なくとも、眼は“夜行性仕様”だったという。夜行性と帆の役割の関係については、よくわかっていない。

Cotylorhynchus romeri
【コティロリンクス】

ペルム紀の河川

分類	脊椎動物 単弓類 “盤竜類” カセア類
産出地	アメリカ
全長	3.5m

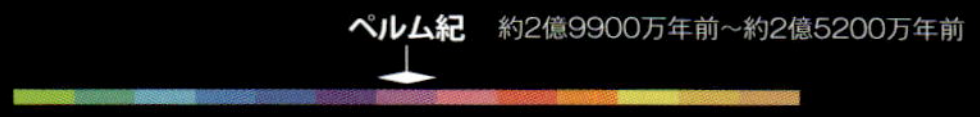

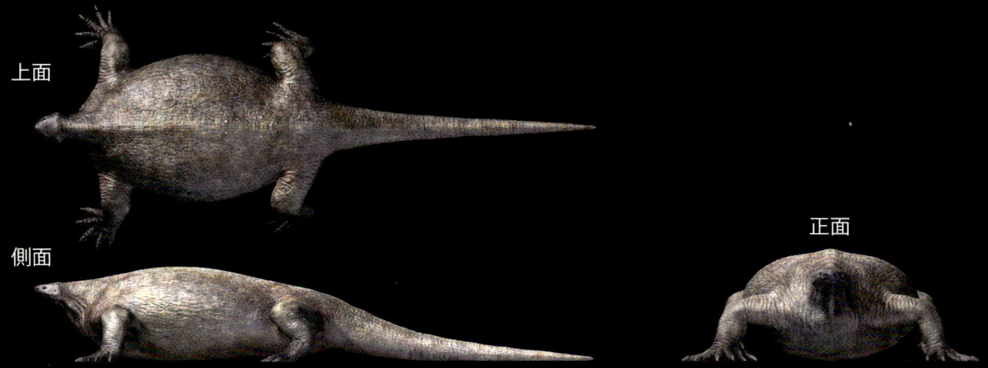

最近の犬の散歩は、コティロリンクス・ロメリ（*Cotylorhynchus romeri*）と一緒に歩く。全長3.5mを超えるこの巨体は、のっそりのっそりとついてくるのでリードは不要。犬も慣れたもので、とくに驚くこともなく、ともに歩いている。こうしてみると、コティロリンクスは意外と飼いやすいかもしれない。もっとも、この大きさを室内で飼うのはかなりの苦労が予想されるけれども……。

コティロリンクスは樽のような胴体をもつ単弓類で、その巨体に似合わない小さな頭を特徴としている。食性は植物食だ。

コティロリンクスは、飼育に注意を要する。見てのとおり、頭部があまりにも小さく、そして首も決して長くないために、口先を地面に近づけることができないのだ。そのため、水を入れた皿は地面ではなく、コティロリンクスの口が届く高さにおく必要がある。

さて、“史実”において、コティロリンクスはとくにペルム紀を代表する動物の一つとして知られている。当時の単弓類としては最大級で、196ページで紹介したディメトロドンや、202ページのイノストランケヴィアとほぼ同じサイズだ。

2016年に発表された研究によれば、コティロリンクスを含むカセア類というグループは、水棲であった可能性があるという。たしかに水棲であれば、「口先を地面に近づけることができない」という問題点は解決できる。短い四肢も、地上を歩くよりは、水中で水をかくことの方が向いていたのかもしれない。

Estemmenosuchus mirabilis

【エステメノスクス】

ペルム紀の陸

分類	脊椎動物 単弓類 獣弓類
産出地	ロシア
全長	3m

ペルム紀　約2億9900万年前~約2億5200万年前

側面

正面

世界のどこかに、ちょっと変わった獣を飼育している牧場があるという。そこには、ウシの倍ほどもあるような動物がいるとかいないとか。今回、紹介するのは、絶滅単弓類のエステメノスクス・ミラビリス（*Estemmenosuchus mirabilis*）のいる牧場である。

世の中には、ちょっと大型で風態の変わった古生物を見るとすぐに「あ、恐竜だ」と言ってしまう風潮があるけれども、エステメノスクスは恐竜ではない。たしかに、左右の眼の上に1本ずつ、頬の両脇に1本ずつの突起が発達しており、ある種の恐竜顔負けの迫力はある。しかし、彼はれっきとした単弓類だ。私たち哺乳類も単弓類の中の1グループなので、言うなれば遠い親戚のような存在である。どんなに迫力のある面構えをしていても、あるいは、ウシよりも大きな図体をしていても、恐竜類の属する爬虫類ではない。

エステメノスクスは長い牙が発達している。しかし、これは肉を裂くためのものではない。エステメノスクスは植物食性なのだ。近年の研究では、こうした牙は、異性へのアピールのために発達したものだとする指摘がある。

“史実”においては、エステメノスクスは古生代ペルム紀のロシアで栄えた単弓類の一つだ。当時、世界各地にはこうした巨大で剽軽な単弓類がいくつもいたことがわかっている。

Inostrancevia alexandri
【イノストランケヴィア】

ペルム紀の陸

分類	脊椎動物 単弓類 獣弓類 ゴルゴノプス類
産出地	ロシア
全長	3.5m

ペルム紀　約2億9900万年前~約2億5200万年前

正面

側面

ライオンの向こう側を、ライオンとさして変わらない大きさの動物が歩いている。同じものを見ているのか、２頭そろって歩く様子は、ちょっと微笑ましい。

しかし実は、そんな悠長なことは言ってられない。奥を歩く動物の口には何やら長く鋭い牙がある。その顔つきをみるからに、どうやら獰猛な肉食動物であることにはまちがいなさそうだ。ライオンだけでも恐ろしい存在なのに、もう１頭の得体のしれないものが……。もしも無防備な状態で、あなたがこのシーンに出会ったのならば、そのときは彼らに気づかれないように最善の努力をするか……あるいは、もう、いろいろと諦めた方が良いかもしれない。

奥を歩く犬歯の長い動物の名前をイノストランケヴィア・アレクサンドリ（*Inostrancevia alexandri*）という。“史実”においては、古生代ペルム紀のロシアに君臨した動物である。

古生代ペルム紀の後半は、獣弓類というグループが大いに繁栄した。その中でもゴルゴノプス類は大型の肉食動物として当時の生態系に君臨していたとみられている。イノストランケヴィア・アレクサンドリはゴルゴノプス類の中でもっとも大きなからだをもった種だ。それは同時に、古生代全般を通しての陸上肉食動物の中で最大級であることも意味している。

さて、ゴルゴノプス類の属する獣弓類には、哺乳類も属している。つまり、ここで描かれた光景は、新旧獣弓類における「百獣の王」の共演、というわけだ。

Diictodon feliceps

【ディイクトドン】

ペルム紀の陸

分類	脊椎動物 単弓類 獣弓類
産出地	南アフリカ
全長	45cm

ペルム紀　約2億9900万年前～約2億5200万年前

正面

上面

側面

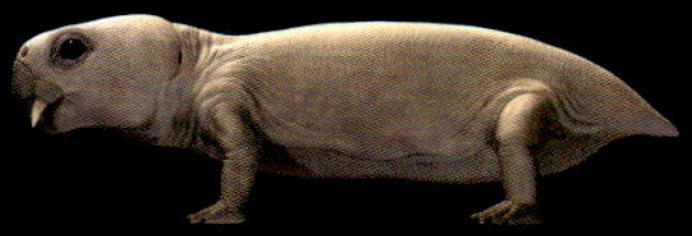

　ラブラドール・レトリバーと一緒に、何やら見慣れない動物が昼寝中だ。よく見ると、その動物の口からは小さな牙がのぞいている。この動物の名前をディイクトドン・フェリケプス（*Diictodon feliceps*）という。

　“史実”において、ディイクトドンは約2億5700万年前の古生代ペルム紀に南アフリカで大繁栄した動物である。南アフリカのカルー盆地に分布する地層からは、さまざまな陸上脊椎動物の化石が産出することで知られている。ディイクトドンの化石は、その中で実に6割の個体数を占めるのだ。

　ディイクトドンの特徴は、その犬歯だ。のちの時代のサーベルタイガーには遠く及ばないけれども、口から外に出るだけの長さはあった。一方で、犬歯のうしろの歯は未発達という。

　ディイクトドンは、202ページで紹介したイノストランケヴィアと同じ獣弓類に属している。獣弓類は、いわば、哺乳類とは親戚のグループであり、その姿も「似ている」と言えば、互いに似ていると言えるかもしれない。

　巣穴をつくり、集団で暮らしていたこともディイクトドンの特徴の一つだ。地中に螺旋状に掘られた巣穴の化石、その奥で暮らす2頭のディイクトドンの化石もみつかっている。小さなからだは、地中の巣穴生活にぴったりだ。

　集団をつくるのなら、現代のイヌとの相性も悪くないかもしれない。「一家に一頭のディイクトドン」なんて、いかがだろうか？

もっと詳しく知りたい読者のための参考資料

本書を執筆するにあたり，とくに参考にした主要な文献は次の通り。なお，邦訳があるものに関しては，一般に入手しやすい邦訳版をあげた。また，webサイトに関しては，専門の研究機関もしくは研究者，それに類する組織・個人が運営しているものを参考とした。Webサイトの情報は，あくまでも執筆時点での参考情報であることに注意。
※本書に登場する年代値は，とくに断りのないかぎり，
International Commission on Stratigraphy，2017/02，INTERNATIONAL STRATIGRAPHIC CHART を使用している。

《一般書籍》

『エディアカラ紀・カンブリア紀の生物』監修：群馬県立自然史博物館，著：土屋 健，2013年刊行，技術評論社

『オルドビス紀・シルル紀の生物』監修：群馬県立自然史博物館，著：土屋 健，2013年刊行，技術評論社

『学研の図鑑 LIVE 古生物』監修：加藤太一，2017年刊行，学研プラス

『古生態図集・海の無脊椎動物』著：福田芳生，1996年刊行，川島書店

『古生代の魚類』著：J. A. モイートマス，R. S. マイルズ，1981年刊行，古生代の魚類，恒星社厚生閣

『古生物学事典 第2版』編集：日本古生物学会、2010年刊行、朝倉書店

『古生物たちのふしぎな世界』協力：田中源吾，著：土屋 健，2017年刊行，講談社

『小学館の図鑑 NEO 水の生物』指導・執筆：白山義久，久保寺恒己，久保田 信，齋藤 寛，駒井智幸，長谷川和範，西川輝昭，藤田敏彦，月井雄二，土田真二，加藤哲哉，撮影：松沢陽二，楚山いさむ ほか，2005年刊行，小学館

『生命史図譜』監修：群馬県立自然史博物館，著：土屋 健，2017年刊行，技術評論社

『澄江生物群化石図譜』著：X・ホウ，R・J・アルドリッジ，J・ベルグストレーム，ディヴィッド・J・シヴェター，デレク・J・シヴェター，X・フェン，2008年刊行，朝倉書店

『デボン紀の生物』監修：群馬県立自然史博物館，著：土屋 健，2014年刊行，技術評論社

『石炭紀・ペルム紀』監修：群馬県立自然史博物館，著：土屋 健，2014年刊行，技術評論社

『無脊椎動物の多様性と系統』監修：馬渡峻輔，白山義久，編集：岩槻邦男，2000年刊行，裳華房

『ワンダフル・ライフ』著：スティーヴン・ジェイ・グールド，1993年刊行，早川書房

『The Rise of Fishes』著：John A. Long，2011年刊行，The Johns Hopkins University Press

《Webサイト》

5億年前の奇妙な新種化石を発見、全身トゲだらけ，NATIONAL GEOGRAPHIC，2015年7月2日，http://natgeo.nikkeibp.co.jp/atcl/news/15/070100165/

道路，国土交通省，http://www.mlit.go.jp/road/

Archaeopteris，Miguasha National Park，http://www.miguasha.ca/mig-en/archaeopteris.php

The Burgess Shale，http://burgess-shale.rom.on.ca/

《学術論文》

James C. Lamsdell, Derek E. G. Briggs, Huaibao P. Liu, Brian J. Witzke, Robert M. McKay, 2015, The oldest described eurypterid: a giant Middle Ordovician (Darriwilian) megalograptid from the Winneshiek Lagerstätte of Iowa，BMC Evolutionary Biology, 15:169

Jie Yanga, Javier Ortega-Hernándezb, Sylvain Gerberb, Nicholas J. Butterfieldb, Jin-bo Houa, Tian Lana, Xi-guang Zhanga，2015，A superarmored lobopodian from the Cambrian of China and early disparity in the evolution of Onychophora，PNAS，doi/10.1073/pnas.1505596112

Joachim T. Haug, Andreas Maas，Dieter Waloszek，2009，Ontogeny of two Cambrian stem crustaceans, Goticaris longispinosa and Cambropachycope clarksoni，Paleontographica Abt. A，vol.289，p1-43

Julien Benoit, Paul R. Manger, Vincent Fernandez, Bruce S. Rubidge，2016，Cranial Bosses of Choerosaurus dejageri (Therapsida, Therocephalia): Earliest Evidence of Cranial Display Structures in Eutheriodonts，PLoS ONE，11(8): e0161457，doi:10.1371/journal.pone.0161457

Lauren Sallan, Sam Giles, Robert S. Sansom, John T. Clarke, Zerina Johanson,Ivan J. Sansom, Philippe Janvier，2017，The 'Tully Monster' is not a vertebrate: characters, convergence and taphonomy in Palaeozoic problematic animals，Palaeontology，vol.60，Issue2，p149-157

M. I. Coates, S. E. K. Sequeira, 2001, A new stethacanthid chondrichthyan from the lower Carboniferous of Bearsden, Scotland, Journal of Vertebrate Paleontology, vol.21, no.3, p438-459

Peter Van Roy, Allison C. Daley，Derek E. G. Briggs，2015，Anomalocaridid trunk limb homology revealed by a giant filter-feeder with paired flaps，nature，vol.522，p77-80

Peter Van Roy, Derek E. G. Briggs, Robert R. Gaines，2015，The Fezouata fossils of Morocco; an extraordinary record of marine life in the Early Ordovician，Journal of the Geological Society，doi:10.1144/jgs2015-017

Renee S. Hoekzema, Martin D. Brasier, Frances S. Dunn, Alexander G. Liu，2017，Quantitative study of developmental biology confirms Dickinsonia as a metazoan. Proc. R. Soc. B 284: 20171348. http://dx.doi.org/10.1098/rspb.2017.1348

Sophie Sanchez, Paul Tafforeau, Jennifer A. Clack, Per E. Ahlberg，2016，Life history of the stem tetrapod Acanthostega revealed by synchrotron microtomography，nature，vol.537，p408-411

S. W. Williston，1908-1909，The Skull and Extremities of Diplocaulus，Transactions of the Kansas Academy of Science (1903-)，vol.22，p122-131

Tiiu Märss，2001，Andreolepis（Actinopterygii）in the Upper Silurian of Northern Eurasia，Proc. Estonian Acad. Sci. Geol.，vol.50，no.3，p174–189

Victoria E. McCoy, Erin E. Saupe, James C. Lamsdell, Lidya G. Tarhan, Sean McMahon, Scott Lidgard, Paul Mayer, Christopher D. Whalen, Carmen Soriano，Lydia Finney, Stefan Vogt, Elizabeth G. Clark, Ross P. Anderson, Holger Petermann, Emma R. Locatelli, Derek E. G. Briggs，2016，The 'Tully monster' is a vertebrate，nature，vol.532，p496-499

索　引

■ 著者紹介

土屋　健（つちや・けん）

オフィス ジオパレオント代表。サイエンスライター。埼玉県生まれ。金沢大学大学院自然科学研究科で修士号を取得（専門は地質学、古生物学）。その後、科学雑誌『Newton』の編集記者、部長代理を経て独立、現職。近著に『怪異古生物考』『化石になりたい』（ともに技術評論社）、『海洋生命5億年史』（文藝春秋）など。

■ 監修団体紹介

群馬県立自然史博物館（ぐんまけんりつしぜんしはくぶつかん）

世界遺産「富岡製糸場」で知られる群馬県富岡市にあり、地球と生命の歴史、群馬県の豊かな自然を紹介している。1996年開館の「見て・触れて・発見できる」博物館。常設展示「地球の時代」には、全長15mのカマラサウルスの実物骨格やブラキオサウルスの全身骨格、ティラノサウルス実物大ロボット、トリケラトプスの産状復元と全身骨格などの恐竜をはじめ、三葉虫の進化系統樹やウミサソリ、皮膚の印象が残ったヒゲクジラ類化石やヤベオオツノジカの全身骨格などが展示されている。そのほかにも、群馬県の豊かな自然を再現したいくつものジオラマ、ダーウィン直筆の手紙、アウストラロピテクスなど化石人類のジオラマなどが並んでいる。企画展も年に3回開催。

http://www.gmnh.pref.gunma.jp/

背景画像提供者リスト

P.11　オフィス ジオパレオント
P.42　オフィス ジオパレオント
P.47　服部雅人
P.50　Payless Images/shutterstock.com
P.64　KPG_Payless/shutterstock.com
P.84　masa44/shutterstock.com
P.86　服部雅人
P.127　オフィス ジオパレオント
P.162　上村一樹
P.196　服部雅人
P.198　オフィス ジオパレオント
P.204　オフィス ジオパレオント
※上記以外は全てistockの画像を使用しました。

■ 装幀・本文デザイン　横山明彦（WSB inc.）
■ 3D生物イラスト　上村一樹
■ シーン合成　服部雅人

古生物《こせいぶつ》のサイズが実感《じっかん》できる！
リアルサイズ古生物《こせいぶつ》図鑑《ずかん》　古生代編《こせいだいへん》

発行日　2018年8月　4日　初版　第1刷発行
　　　　2018年8月24日　初版　第5刷発行

著　者　土屋《つちや》　健《けん》
発行者　片岡　巌
発行所　株式会社技術評論社
　　　　東京都新宿区市谷左内町21-13
　　　　電話03-3513-6150　販売促進部
　　　　　　03-3267-2270　書籍編集部
印刷／製本　大日本印刷株式会社

ISBN978-4-7741-9913-9 C3045
Printed in Japan